여성농사꾼의 유쾌한 성공이야기

CRiC 농촌정보문화센터
Center for Rural Information & Culture

여성농사꾼의 유쾌한 성공이야기

초판 1쇄 발행 | 2006년 12월 8일

기획 · 발행 | 한국농촌경제연구원 부설 농촌정보문화센터
홈페이지 | www.cric.re.kr
전화 | 02-3498-6541

취재 | 여성신문사 김미량 기자, 박효신 객원기자, 장성순 객원기자, 홍미진 객원기자
사진 | 여성신문사 정대웅 사진기자, 오동명 객원 사진기자
편집 · 판매 | 도서출판 동연

가격 11,000원

ISBN 89-957709-6-1 03520

이 책 제작에 도움주신 분들
농림부 정책홍보관리실 | 정학수 실장
농림부 농업구조정책국 | 박현출 국장
농림부 홍보관리과 | 이양호 국장
농림부 여성정책과 | 김미숙 과장
농림부 여성정책과 | 이성주 사무관
농림부 여성정책과 | 이상목 사무관
농림부 여성정책과 | 노승환 주무관
농림부 여성정책과 | 이윤숙 주무관
농림부 여성정책과 | 이금희 실무관

● 이 책의 일부 또는 전부를 다시 사용하려면 반드시
농촌정보문화센터의 동의를 얻어야 합니다.

여 성,
희망과 미래…
그 무한한 가치

21세기 산업구조가 지식 · 정보 · 서비스를 중심으로 재편되면서 우리 농업의 미래를 걱정하는 사람들이 많습니다.

특히 농촌 인구의 급속한 고령화와 최근 가속화되는 수입개방의 높은 파고는 농업의 현실을 더욱 어렵게 만들고 있습니다.

〈여성농사꾼의 유쾌한성공이야기〉는 농업에 모든 것을 걸고 스스로의 미래를 개척한 여성농업인들의 즐거운 성공담입니다.

아직 우리 사회는 여성이라는 이유 하나만으로도 제약이 많습니다. 여기 등장하는 여성농업인의 경우 어려운 환경 속에서도 농업의 새로운 가치와 수익을 창출했기 때문에 더욱 값진 이야기들입니다.

창의적인 아이디어와 할 수 있다는 자신감, 7전 8기의 의지로 '농업의 블루오션' 을 일궈낸 여성농업인들의 애환과 성공사례는 바로 우리 농업의 희망이고, 꿈입니다.

우리 농업의 가능성을 보여준 여성농업인들의 노력과 용기에 한없는 박수를 보냅니다. 이들의 도전정신과 성공사례가 널리 읽혀져 농업의 미래를 밝히는 한줄기 빛이 되기를 기원합니다.

농림부장관 박 홍 수

우유는 건강입니다

강영란 대표 | 1988년 양돈 시작, 1988년 월계축산 공동대표

강 영 란 월 계 축 산 대 표

FTA 파고, 브랜드 축산물로 대비해 나가겠다

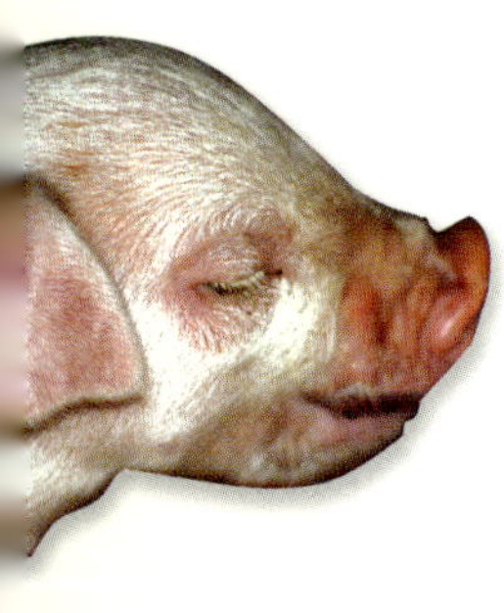

"홍삼과 만난 돼지 브랜드 '심바우포크' 개발"

경남 합천은 산간 및 내륙지역이다. 경상도에서는 축산업이 가장 큰 비중을 차지하고 있는데 양돈의 경우 김해에 이어 합천이 사육두수가 두 번째로 많다.

"뽀얀 얼굴 때문에 제가 손해를 많이 봐요. 시어머니도 이곳에 내려오시면, 남편 혼자 고생하고 저는 별로 고생을 안 한 줄 아세요."

〈월계축산〉 강영란 대표를 처음 만났을 때, 백옥 같은 곱디고운 피부를 보고 놀랐다. 대뜸 "오랫동안 돼지를 키우시면서 고생하신 것 맞아요?"라고 묻자, "그럼요. 처녀 때는 더 곱고 하얀 얼굴이었는데, 고생해서 이렇게 돼버린 걸요"라고 대답한다.

도시 처녀, 남편 따라 돼지 키우겠다고 결심
축산의 핵심 업무 '기록' 맡으면서 '양돈' 배워

경남 합천에 위치한 〈월계축산〉의 두 주인 강영란·김규한 대표를 만났다. 부부가 함께 돼지를 자식처럼 키우고 있었다. 이들이 안내한 집은 아담하고 예쁜 2층 집. 거실에 앉아 있으니 건너편에 허름한 집 한 채가 눈에 들어왔다. 남편 김규한 씨가 "지역에서 살겠다며 무일푼으로 내려왔을 때, 눈물 나게 고생하던 집"이라며 설명한다.

"저는 축산을 전공했어요. 그 중에서도 소를 전공했어요. 어릴 때부터 희망하던 일이 농업이었어요." 축산을 전공했다는 말은 이해했는데, 소를 전공했다는 말엔 고개가 갸우뚱해졌다. 대학원도 아닌 대학에서 축산을 전공하는데, 그 세부전공을 '소', '돼지' 등 구체적인 동물로 분류한다는 말에 의아했다. 그러나 그 궁금증은 나중에 자연스럽게 풀렸다. 그리고 소를 전공했는데, 돼지를 키우게 된 사연 역시도 알게 되었다.

김 씨는 부산에서 태어나서 자랐고, 대학만 서울에서 '잠시' 다녔다. '잠시'라는 표현을 사용한 것은, 보통 농촌에서 나고 자란 사람도 서울에서 대학을 다니면 어느새 '도시인'으로 적응돼버리지만 김 씨는 '도시인'으로 적응하지 않고, '농촌'이라는 정체성을 계속 유지하고 살았기 때문이다. 그가 농촌이라는 정체성을 유지하기 위한 방식은, 대학생활을 하면서도 방학 때마다 시골에 내려오는 것. 어렸을 때부터 맘속 깊이 간직하고 품어온 그의 꿈인 농업. 그 꿈을 이룰 수 있도록 만들어 준 사람이 바로 강영란 씨다.

부인 강 씨는 경남 사천에서 태어났고, 부산에서 대학까지 나왔다. 그곳에서 대학 졸업 후 간호사 생활을 했다. 도심에서 나고 자라서, 도심에서 직장생활을 한 엘리트 여성이었던 강 씨는 남편을 만나 도시인의 생활이 아닌, 농업인으로서 살아갈 결심을 하게 된다.

무뚝뚝한 인상의 청년 김규한은 숙녀 강영란에게 어떤 프로포즈를 했을까.

"소개팅을 하고, 바로 다음 날 고속버스터미널에서 아내에게 '시골 가서 살 수 있겠나' 라고 물었지요. 그랬더니 '할 수 있다' 고 대답을 하더라구요."

이런 부부를 두고 천생연분이라고 하는 게 아닐까. 낯선 농촌에서 돼지를 키우고 산다는 것은 웬만한 여성이면 쉽게 환영할 만한 조건은 아니다. 특히 강 씨는 시골에서 태어났지만, 중 1때까지는 시골 일을 모르고 컸기 때문이다. 그 속 얘길 들어보자. 강 씨는 처음부터 농촌에서 고생하며 살 만큼 의지를 가졌던 것이 아니었다. 농촌에 대해 문학이나 미디어 속에 등장하는 낭만적이고 목가적인 시골의 모습을 상상했었단다.

"시골이라… 그저 낭만을 떠올렸어요. 특히 목장이라고 하면, 텔레비전 선전에 나오는 '대관령 목장' 정도로만 알았고요. 도시의 수세시설이 갖춰있는 건물을 생각했을 정도라니까요."

한껏 부풀어 결혼을 준비하던 즈음, 느닷없는 악재가 들이닥쳤다. 결혼날짜를 꼭 일주일 남겨두고 남편인 김 씨가 십이지장궤양으로 응급실에 실려 가는 일이 발생했다. 돼지 키우는 일을 시작하면서 너무 무리를 하며 일을 한 게 탈이 난 것이다. 결혼식을 연기해야 하나 고민하다가, 병실에서 차던 복대를 그대로 차고 결혼식을 올렸다. 신혼여행은 못 갔다. 그날은 1987년 10월 21일. 강 씨는 웨딩마치를 올리던 날이 엊그제 같다고 회고한다.

낭만적이고 목가적인 시골을 상상했다던 강 씨가 경험한 첫 시골생활이 어땠을까.

"처음 합천에 왔을 때, 허름한 집을 보고 서운하거나 삭막하진 않았어요. 오히려 아늑하고 정감이 가더라구요. 들에 핀 코스모스, 주렁주렁 열린 분홍빛 단감… 시골에 대한 첫 느낌은 참 아늑하고 살만한 공간이라는 것이었어요."

강 씨의 말이 끝나자, 옆에 앉아 있던 김 씨가 한마디 거든다. "오히려 저의 부모님이 제가 시골에서 사는 것을 반대하셨어요. 아버지가, 제가 시골 내려가서 돼지를 키우겠다고 하니까, 억수로 반대를 많이 하셨어요. 형제들도 빨리 망해서 서울로 올라오길 바랐어요."

1987년, 처음에 이들 부부가 경남 합천에 내려올 때, 부인 강 씨의 퇴직금 1천만 원이 가진 재산의 전부였다. 트럭 중고를 2백만 원에 구입해 수리해서 쓰고, 축사 뼈대를 세우고…. 빚을 지기 시작했다. 벽돌과 시멘트를 사고 돼지 키울 축사를 손수 지었다. 안 되겠다 싶어서, 영농후계자 사업을 하려고 신청했다. 그렇지만 동네 사람들은 그 동네에서 5년 동안은 현지인으로 인정해 주지도 않았다.

축산을 전공한 남편과 달리 간호사 일을 하던 강 씨가 양돈을 하면서 신경 썼던 부분은 바로 '기록' 이다. 병원에서 간호사들이 차트에 꼼꼼히 기록을 하듯이, 돼지를 키우면서 꼼꼼히 일지를 쓰기 시작했다. 강 씨는 인터뷰 도중 2층 다락방에 고이 보관해 두었던 당시 '가계부' 를 꺼내 깨알 같은 글씨로 빼곡히 적힌 내역을 보여준다.

"저는 축산을 전공하지 않았어요. 그렇지만 돼지를 종부시키면서 '기록' 이 있어야겠다는 생각을 하게 되었어요. 그래서 나름대로 기록을 꼼꼼하게 했어요."

강 씨가 이렇게 하나하나 기록해 두었던 것이 양돈을 하는 데 큰 밑거름이 되었다. 지난 1999년 '피그 플러그' 라는 전산입력을 할 수 있는 프로그램이 개발되었지만, 그 전엔 일일이 양돈하는 사람이 손으로 기록을 하지 않으면 안 되는 상황이었다.

돼지는 소에 비해 새끼를 낳고 키우는 기간이 짧다. 소의 임신기간이 280일인 반면, 돼지는 임신기간이 114일이다. 남편 김 씨가 '소'를 전공했는데 결혼 후 '돼지'를 키우게 된 이유가 바로 이것이다.

돼지 암컷은 생후 8개월에서 몇 년간 새끼를 가질 수 있고 젖을 떼면 한 달 만에 발정이 나서 1년에 두 번 새끼를 낳을 수 있다. 그리고 한 배에 여섯 마리에서 열 마리까지 새끼를 낳는다. 강 씨 부부는 처음에 어미돼지 5마리를 키웠다. 첫 새끼를 9마리 낳아서 6개월간 키운 끝에 89만 원의 첫 수익을 올렸다. 지금으로부터 꼭 20년 전의 일이다.

"돼지고기와 홍삼이 만난 '심바우포크' 개발"

고급 브랜드 돈육으로 백화점 진출 성공

200두 크기였던 축사가 지금은 1,800두로 9배나 확장되었다. 김 씨는 이런 〈월계축산〉의 성장에 대해 "기회가 좋았을 뿐"이라고 겸손히 말한다. 1994년 축사를 확장하려 했을 당시 정부가 자금을 지원해주는 기회가 있었다. 선도학사계층에게 전국시험을 쳐서 성적이 우수한 사람에게 자금을 지원해주는 제도가 생겼던 것이다. 김규한 씨는 축산부분에 시험을 쳐서 당당히 합격을 했다. 그래서 정부 돈 1억 원을 장기 저리로 대출받았다. 김 씨는 '선도학사계층' 지원금을 받기 위해 공부한 것에 대해 이렇게 말한다. "세상에 태어나서 돈을 받기 위해 공부한 적은 처음이에요."

돼지를 키울 때는 PMWS(돼지이유후전신소모성증후군)을 조심해야 한다. 백신 주사를 놓는 것도 꼭 챙길 일이다. 간호사 출신인 강영란 씨의 전문 분야이기도 하다.

"처음 합천으로 이사 왔을 때, 사람 집보다 돼지 집을 더 좋게 만들었어요. 가족들이 돼지가 새끼를 낳게 되면 밤새 지키는 것은 기본이고요. 새끼가 태어나면 탯줄도 끊어줍니다."

강 씨는 먼 산을 바라보며 고생했던 시절을 떠올린다. "아들이 햄과 소시지를 잘 먹는데, 돈이 없어서 그것 하나 제대로 못 사준 게 가슴이 아팠어요. 돈이 없어서 전화기가 집에

있었지만 밖에 나가서 공중전화를 이용한 적도 부지기수였지요.”

처음 4년은 수입보다 투자하는 게 더 많았다. 10년이 지나니까, 〈월계축산〉도 자리를 잡아갔다. 일이 힘들 땐 학창시절 은사였던 서울대 황우석 교수가 “힘들면 취직자리가 있으니 서울로 올라오라”며 전화로 격려해주시곤 했다.

돼지를 키우기 위해서 부부가 함께 노동을 하지 않으면 불가능했을 것이라고 부부는 입을 모은다. 부부가 대표로 있는 〈월계축산〉 작년 연매출은 8억 원 정도. 양돈의 경우, 돼지 어미가 새끼를 많이 낳고, 그 새끼들이 튼튼하게 잘 자라면 바로 수익으로 이어진다. 즉 농장 생산성에 따라 출하 두수가 달라지는 것이다.

〈월계축산〉도 여느 축산업을 하는 농장처럼 부침이 많았다. 10여 년 전인 1997년 김영삼 대통령이 116조를 시설자금으로 농업에 풀었다. 그때 강 씨 부부도 신규 시설투자를 하느라 2억 5천만 원 빚을 졌다.

〈월계축산〉은 흙살림연구소, 국립경상대학교 축산가공연구팀과 공동으로 홍삼박, 쌀겨, 깻묵, 활성탄 등의 주원료에 천연 미생물을 첨가해 발효시킨 생균제를 사료첨가제로 사용한 ‘심바우포크’를 개발했다. ‘돼지고기와 홍삼이 만난’ 브랜드 돈육을 개발한 것이다.

심바우포크 브랜드 돈육은 지난 2000년도 8개 농가로 시작해 2003년 7월에 상표로 등록되었고, 현재는 30여 농가가 참여하고 있다.

A · B등급이 많이 출현하고 있으며, A · B등급 출현 시 합천군으로부터 두당 1천 원의 지원을 받는다. 매년 4월 합천 벚꽃 마라톤대회 행사에서 심바우포크 무료시식회를 개최하고, 축산물브랜드 경진대회 및 전시회에 적극적으로 참여함으로써 일반 소비자들에게 홍보해 나가고 있다. 백화점 등과도 거래한다.

합천에 돼지 인공수정센터 짓는 게 꿈

'돼지생산이력제 도입' 하고 일본의 '브랜드 정책' 배워야

〈월계축산〉은 제 1회 양돈장 HACCP(식품위해요소 중점관리제: 식품 원재료 생산, 제조, 가공, 보존, 유통 단계별 오염 요인을 없애도록 하는 위생 관리 체계. 이 체계를 도입한 업체는 매년 식약청의 위생 관련 점검을 받는다.) 인증을 받았다.

이는 소비자들의 안전축산물에 대한 욕구가 증대하고 있고, 돈육시장 개방화의 객관적인 안정성을 요구하는 흐름과도 닿아있다. 이와 함께 김규한 씨는 '돼지생산이력제' 도입도 주장했다. 돼지생산이력제(일명 돼지고기 실명제)란 소비자가 돼지고기 생산에서 유통까지 전 과정을 한눈에 알 수 있는 것을 말한다. 매장에서 판매되는 돼지고기에 부착된 바코드를 읽을 경우 해당 돼지와 관련된 각종 자료가 컴퓨터 화면에 출력되도록 하는 시스템. 컴퓨터 자료에는 돼지고기가 태어난 장소와 일시, 생산자 사진, 혈통은 물론 사육 시 먹인 사료, 생체 단층촬영 사진, DNA 유전자 구조 등이 포함돼 있다.

강 씨는 "축산 분야는 부가가치가 높은 산업이며, 국제환경 속에서 경쟁력이 있다"고 강조한다. 다만 축산 분야는 시행착오를 겪는 분야라서, 그것을 극복하는 것은 전적으로 본인의 의지에 달려 있다고 말한다. 향후 양돈 산업이 국제경쟁력을 갖추려면 신규인력이 늘지 않는 상황에서 기계화와 자동화밖에 없다.

FTA로 축산 쪽 타격은 없느냐고 조심스럽게 물었더니 시종일관 차분한 모습을 보이던 김 씨가 갑자기 목소리를 높인다.

"미국 돼지를 수입한다고 하니까, 벌써 한국 돼지 값이 떨어졌어요. 사람들은
FTA를 체결하면 우리나라가 잘 살 것이라고 생각합니다. 전체 경제적으로 도
움이 될 수 있을지도 모르지요. 그러나 농업분야엔 타격이 큽니다. FTA 체결
로 우리나라의 경제가 성장할 수는 있지만 피해보는 산업이 생긴다는 것입니
다. 농민으로서는 그런 피해를 입을 것이 불을 보듯 뻔합니다. 대책 마련이 절
실한 대목입니다."

김 씨는 이어 "도시 사는 분들에겐 어떤 혜택이 있을지 모르지만… 그렇게 받은 혜택을 농
업쪽에 지원을 해야 하는 것 아닌가요? 안 그래도 농업인들이 줄고 있는데…."
김 씨의 말에 옆에 앉아 있던 강 씨도 고개를 끄덕인다.
"벼농사가 지금 돈 되는 게 아니라서 개방을 하지만, 나중엔 미국이 잉여농산물이 부족하
면, 그때서야 가격을 올리겠지요. 우리 농업이 국제경쟁력을 가지려면 일본의 '브랜드 정
책' 을 배워야 합니다."

강영란, 김규한 부부는 합천에 '돼지 인공수정센터'를 짓고 싶다고 말한다. 이들 부부를 보고 있노라면, 합천군이 '포크밸리'가 되는 날이 멀지 않음을 예감한다.

강영란 대표 성공 5계명

첫 번째 한 우물을 파라

귀농이 결정되면 품목이나 축종이 정해진 후엔 자신의 직종에 자부심을 가지고 성공할 수 있다는, 성공하고야 말겠다는 굳은 신념을 가져라. 10년 이상 꾸준히 교육이나 세미나 등에 적극 참여하여, 새로운 신지식을 내 농장에 맞게 적용시키고 단계 단계마다 기본에 충실하다 보면 나만의 노하우가 생긴다.

두 번째 정확한 기록이 재산이다

요즘은 전산기록이 보편화 돼 쉽게 입력만 하면, 내 농장의 번식성적, 육성율, 가격동향, 재무 현황까지도 한눈에 볼 수 있어 편리하다. 기록을 토대로 나온 성적을 분석하고 개선책이 무엇인지, 어느 부분에 문제가 있는지 파악하여 문제점을 잡아 나가다 보면 농장성적은 향상 될 수밖에 없다. 또한 생산자단체 등에 가입하여 다른 농가와의 교류를 통하여 우리보다 더 잘하고 있는, 성적이 더 좋은 농가의 것을 벤치마킹한다.

세 번째 신용이 생명이다

금융거래나 업무상의 거래에서 신용은 생명이다. 믿을 수 있는, 신망 받는 사람이 되지 않고는 그 업종에서 성공할 수 없다.

네 번째 위기를 도약의 기회로 삼아라

일을 하다보면 많은 시련과 위기가 찾아온다. IMF 때 사료 값은 폭등하고 돼지 값이 폭락하여 모두들 돼지를 정리할 때, 월계축산은 그와는 정반대로 행동했다. 이는 정확한 정보와 신용을 바탕으로 과감하게 투자해 도약의 기회로 삼았기 때문이다. 또한 국내 동향, 국제 흐름 등을 면밀히 주시한다.

다섯 번째 삶을 윤택하게 일을 즐겁게 하자

농촌에서의 여성의 삶이란 육체적 노동의 강도가 높기 때문에 일을 친구삼아 즐겁게 하지 않으면 정착해 살기가 힘들다. 취미생활, 사회활동, 문화생활, 여행 등 여건이 허용되는 한 많이 하라. 삶의 활력이 될 것이다.

꼼꼼한 농업 경영은 여성에게 제격

거친 농촌 일이 많은데, 그런 일은 여성이 감당하기 어려울 것이라는 예상이 많다. 그러나 거친 농촌 일도 있지만, 꼼꼼하고 섬세한 농촌 일도 많다. 특히 돼지를 키우는 일엔 어머니 경험을 한 여성이 남성에 비해 비교우위를 갖는다.

돼지가 새끼 낳을 때는 그 옆에서 잠도 못자고 밤을 새운다. 새끼를 보면 너무 예쁘다. 그 새끼가 감기에 걸릴까 노심초사하며 간호하는 것은 제 자식한테 하는 것처럼 하면 된다. 가계부를 쓰듯이 경영실적을 쓰고, 육아일기를 쓰듯이 돼지 키우는 기록을 하면 된다. 뿐만 아니라, 돼지를 키울 때 정성과 애정은 필수다. 이제 농업도 기술과 지식 집적 산업이 되었기 때문에 섬세한 기술과 지식을 습득해야 한다.

여성농업인 희망만들기 프로젝트 **1**

여성농업인 '맞춤 지원책'
여성농업은 미래 농업발전의 주요 인적자원

여성농업인이 미래 농업발전의 주요 인적자원이라는 인식이 확산되는 가운데, 정부는 여성농업인에 대한 맞춤형 지원책을 마련, 추진중이다.

여성농업인을 '전문 직업인' 으로 집중 육성하기 위한 목표로 추진중인 '2차 여성농업인정책' 은 2010년까지 총 8503억 원이 투·융자된다. 무엇보다 양성평등관점의 정책추진을 위해 2007년까지 농림사업 전반에 대한 성별영향평가를 실시할 예정이어서 여성농업인에 대한 제도적 차별 해소가 기대된다.

주요사업은 ▶여성농업인 전문인력화 ▶지위향상 ▶복지증진 ▶일손돕기(보육지원) 등에 관한 내용이다. 무급노동에 종사하는 여성농업인이 많은 현실을 개선하기 위해 '농가경영협약 (농업경영에 종사하는 가족원간 영농계획 수립, 보수, 경영승계 등 협약체결)을 확대보급하되, 여성농업인단체 주관으로 창업농 및 우수 후계농을 대상으로 먼저 시범 실시할 계획이다. (문의 농림부 여성정책과 02-500-1605)

여성농업인에게 가장 현실적인 도움이 될 수 있는 출산·육아 관련 정책은 중앙정부에서 진행하는 영·유아 양육비 지원의 경우 보육시설 이용비용을 자녀 수와 상관없이 5세인 경우 정부보육료의 100%, 0~4세는 50%를 지원하고 있으며, 지자체로 이양된 출산농가도우미 사업은 지자체별로 차이는 있지만 72만 원 정도의 비용이 지급되는 등 지원이 점차 확대되고 있다.(문의 02-500-1606)

한편, 전체 농업인구 중 여성농업인은 106만7000명으로 이미 절반(53%)이 넘었으며, 인구수와 농가소득 기여도면에서 꾸준한 증가추세에 있다. 농촌의 여성파워는 여성기여도가 높은 과수·원예·축산·친환경농업 비중 증가, 농산물 가공·유통 등 부가가치형 산업이 확대되는 현실을 반영해 계속 확대될 것으로 보인다.

고효숙 대표 : 1973년 서울시 조리사면허 취득 15년 활동. 1977년 전남 영암군 신북면에 농장 개설. 1992년부터 환경농업 경영. 1997년 전남대학교 최고농업경영자과정 수료. 1998년 '고효숙 단감' 상표 등록. 2000년 전남농업발전협의회 환경농업분과위원 위촉. 2001년 영암 신지식인 선정. 2002년 벤처농업대학 수료. 2002년 도농녹색교류대학 수료. 2003년 자연건강생활관리사 자격 취득. 여성농업인 교관. 친환경농업 컨설턴트
유기농원 : 일만 이천 평(과수원 9000평, 밭 1000평, 놀이동산 잔디 운동장 2000평) 규모로 유기농으로 재배한 쌀, 은행, 석류, 단감 및 관련 제품 생산 판매와 체험교실 운영. 환경보전 녹색회 환경농업 작목회 가입 활동. 전남여성신지식인회 초대회장. 영암군 혁신협의회 의원 활동. 2006년 유기농산물 인증(국립농관원)

고 효 숙 유 기 농 원 대 표

고효숙

먹거리 잘 하면 미래가 보장된다

전남 영암군 월출산 자락에 '온전한 먹거리를 전파하겠다' 며 15년간 극성맞게 환경농업을 실천하고 있는 고효숙 씨의 〈유기농원〉이 있다. 남편 정동열 씨는 그를 돈키호테라 한다. 어쩌면 '바른 먹거리로 세상을 바꾸어보겠다' 는 그의 용기가 창을 들고 풍차를 향해 돌진하는 돈키호테만큼 무모해 보일지도 모른다. 30년 동안 가진 것 몽땅 내놓고 '건강한 밥상지기' 로 나선 그의 순진한 열정을 돈키호테라 한다면 그 옆에서 인생의 동반자로서, 사업의 파트너로서 묵묵히 옆을 지켜주고 있는 남편은 산쵸다. 그러나 이 돈키호테와 산쵸가 일구고 있는 농원의 구석구석을 둘러보면 이들이 얼마나 치밀하게 한걸음 한걸음 목표를 향해 나아가고 있는지를 알게 되고 무모함이 아닌 적어도 〈유기농원〉에서만큼은 그들이 꿈꾸는 먹거리의 이상향이 만들어지고 있음을 알 수 있다.

그는 농업이 얼마나 전문성이 필요한 산업인가를 역설하는 전문 경영인이다. 단지 남다른 용기를 갖고 원하는 것을 실천에 옮기고 있을 뿐, 막무가내로 돌진하는 것은 아닌 것이다. 다른 것이 있다면 유형의 만족만을 추구하는 여느 사업가와 달리 무형의 만족에 훨씬 더 큰 비중을 두고 있다는 것일 뿐. '즐겁지 않은 것은 하지 않는다' 는 것이 고효숙 씨의 인생철학이다. 스스로 선택해서 하는 이 일로 매일매일 삶의 아름다움을 느끼며 산다는 그는 남들이 돈키호테라고 부르건 말건 본인은 스스로를 '흙 속에 진주' 라고 부른다. 농원은 자기가 꿈꾸는 인생을 연출하여 올리는 무대이며 그는 매일 스스로 연출가이자 주인공이 되어 무대에 등장한다. 아름답게 그리고 멋있게….

온전한 먹거리 내가 직접 만들겠다
유기체적 삶 몸으로 느끼게 해준 자연에 감사

고효숙 씨가 먹거리에 본격적으로 관심을 두기 시작한 것은 1970년대 초. 먹거리가 삶에 얼마나 중요한 것인가를 생각하기 시작한 그는 첫 작업으로 조리사 자격증을 땄다. 음식을 하면서 원재료에 더욱 관심을 갖게 되었고 좀 더 전문적인 지식으로 들어가다 보니 우리 식탁의 문제가 심각하게 보이기 시작했다. 너무나 함부로 먹고 있다는 것, 무엇보다도 우리나라 농산물의 생산과 유통 체계에서는 건강한 먹거리를 식탁에 올리는 것이 불가능하다는 결론을 내렸다. 결국 그가 생각한 것은 '내가 직접 만들어야겠다' 는 것. 이 계획을 실천하기 위해 자연환경에서 어떻게 삶을 엮어 갈 것인가를 생각하기 시작했고 돈을 모아 터를 마련했다.

"농원에 처음 들어온 날부터 자연은 나를 매일매일 감동시켰죠. 자연은 나의 정신의식 체계에 엄청난 변화를 가져다주었어요. 그것은 도시생활에서 얻을 수 없는 것이었어요. 유형적인 것도 중요하지만 무형적인 것에서 인생의 가치를 찾아내는 법을 배웠고 유기체적인 삶이 어떤 것인지를 몸으로 체험하며 알게 되었죠. 돈은 이야기 하고 싶지 않아요. 어차피 농업이라는 것은 100년이 지나도 역시 지금과 똑같이 어렵다는 이야기를 하고 있을 테니까요. 눈에 보이지 않는 정말로 많은 것을 땅에서 얻으니 보상은 충분히 되는 거죠."

오늘의 〈유기농원〉은 30년 동안 오로지 '온전한 먹거리' 하나만을 생각하면서 맨땅을 일구고 가꾼 한 여자의 열정으로 만들어진 작품이다. 1977년 5월 처음 농원을 개설하던 날을 그는 지금도 생생히 기억한다.

"그때 기념식수로 내 손으로 심은 손가락만한 은행나무가 이제 서른 살이 되어 이렇게 장대한 모습이 되었어요. 매년 열 가마의 은행을 제공해주는 효자노릇을 해주고 있으니 하도 기특하고 그 기품이 너무 장대하여 '장관' 이라 이름 붙여주었어요."

그날부터 황무지 1만 2천 평을 일구어 감나무 1,500주를 심고 은행나무 300주를 심어 나갔다. 석류 체리 등 과일나무뿐 아니라 채송화 맥문동 조팝꽃 철쭉 능소화 등 갖가지 꽃들도 심었다. 처음 5년은 혼자 광주에서 출퇴근해 가며 경영을 하다가 10년 전부터 아주 농원으로 거처를 옮겼고 이때부터 남편이 사업에 참여하여 동반자로서 든든한 역할을 해주고 있다. 지금의 농원을 보면서 30년 전 황무지를 떠올리기는 힘들다. 체계적으로 잘 정돈된 농장의 모습에서 가꾸는 이의 땀을 실감하지 않을 수 없다. 길고도 길게 펼쳐진 은행, 석류, 감나무 밭… 가운데로 반듯하게 닦여진 포장길을 따라 가다 보면 농원 끝에서 만나는 인상적인 황토 건물들… 손님을 반겨주는 주인을 만나게 되면 자연스럽게 "이렇게 가꾸시느라 얼마나 고생이 많으셨어요?"라며 인사를 건네게 된다. 그러나 고효숙 씨는 '고

생했다' 라는 말을 싫어한다.

그는 '농촌일은 거칠고 힘들다' 는 고정관념을 깨고 싶어 한다. '농촌 = 고생' 의 인식에서 벗어나야 우리의 농촌이 살아난다고 그는 생각한다. 그에게 농원은 이익을 창출하는 산업시설인 동시에 쉬고 노는 휴양시설인 셈이다.

이름 건 브랜드 '고효숙 단감' 상표 등록

유기농 생산품 입소문으로 고정 소비자 확보

농원을 개설하고 단번에 유기농을 시작할 수는 없었다. 땅의 힘을 점차 길러나가야 했다. 그는 농사의 경험을 축적하면서 최종 목표인 친환경 유기농으로 한걸음 한걸음 나아갔다. 농약을 쓰지 않고 과일나무를 소독하기 위해서 힘들고 번거롭지만 친환경 살균제 석회유황합제를 직접 만들어 썼다. 볍씨 하나에도 온갖 정성을 들였다. 섣달이면 커다란 항아리에 눈을 거두어 빗물 들어가지 않게 간수하였다가 1월 볍씨를 담갔다 건져내기를 수차례. 이렇게 하여 꺼내서 말려 두었다가 4월 침종하면 벼가 탐스럽게 자라서 수확도 배가 된다. 논에 그대로 남았다가 겨울을 보내고 싹이 돋아 자라는 벼가 튼튼하다는 것을 알아낸 선조들의 지혜다. 드디어 1992년부터는 농장의 모든 것이 친환경 유기농으로 생산되기 시작했다. 오리농법으로 키운 쌀로 처음 밥을 지어먹던 날 부부는 '바로 이 맛이야' 하며 손 맞잡고 방에서 뛰며 돌았다. 과수원에서는 은행이며 감, 석류 등이, 밭에서는 온갖 채소가 자연의 영양으로 자연의 맛을 내기 시작했고 사료가 아닌 약초 캐먹고 벌레 잡아먹으며 절로 커가는 토종닭이 농장을 돌아다니게 되었다. 이제는 되었다고 생각한 그는 제품 개발에 눈을 돌리고 1998년 유기농 단감 '고효숙 단감' 을 상표 등록하였다. 입소문에 의해서 찾는 이가 늘자 이름을 걸어도 부끄럽지 않다는 확신이 선 것이다.

冬至(동지)의 瑞雪(서설) 알몸으로 받아내고

연두 빛 봄비에 새 살 돋우어

灼熱(작열)하는 태양 빛 온 몸에 감아

淸雅(청아)한 姿態(자태) 가을 빛 잦아드네

단감을 놓고 시를 적을 정도로 그의 자부심과 애착은 대단하다. 목질발효퇴비, 쌀겨, 깻묵, 청초액비, 목초액, 숯가루 등 유기질 비료만을 사용해 키우는 '고효숙 단감'은 유기농산물에서만 느낄 수 있는 맑고 깨끗한 맛이 나며 감 고유의 향이 살아 있어 먹어 본 사람

은 반드시 다시 찾는다. 단감뿐 아니라 단감 고추장, 단감 된장, 단감 즙, 단감 식초, 단감 잼 등등 그의 제품들은 한 번 찾은 사람들에 의해 입소문으로 팔려나갔고 이제는 전남 영암군의 특산물이 되었다.

좋은 농산물 생산과 병행해서 그가 꾸준히 해오고 있는 일이 도시인들을 대상으로 하는 다양한 체험 프로그램이다. 3월부터는 상추 쑥갓 아욱 등 채소의 씨앗을 직접 파종해 보는 씨앗 넣기와 봄나물 캐기, 5월에는 감 꽃 솎기, 6월에는 감 열매 솎기, 7~8월에는 농막에서 여름나기, 9월 풋감 따기, 10월 감 따기, 11월 김장하기 장 담그기, 그밖에도 팜 스테이를 통한 유기농원 체험은 일 년 열두 달 이어지고 있다. 그는 지난 10년 동안 무료로 이

같은 프로그램을 운영해왔다.

"누가 시키는 것도 아닌데 극성맞게 하는 것을 보면서 또라이 소리도 들었지만 제가 이렇게 10년을 투자한 이유는 간단해요. '먹거리 잘 하면 미래가 보장된다' 요 말이 하고 싶어서 하는 거지요. 하하하."

농장에 머물면서 친환경 농업을 체험할 수 있는 황토집 〈생락원〉과 〈세심정〉은 부부가 5년에 걸쳐 손수 디자인하고 지은 집이다. 농장에서 파낸 황토 흙으로 벽과 바닥을 만들었고 농장의 나무를 잘라 대들보를 올렸다. 콩기름 먹여 몇 날 며칠 문질러가며 반들반들하게 만들어 놓은 방과 마루의 황토 바닥은 아무리 비싼 마감재도 따라올 수 없이 훌륭하다. 신청만 하면 이곳에서 황토 냄새를 맡으면서 바른 먹거리와 건강하게 사는 방법에 대해 배우고 유기농에 대한 30년 그의 경험을 나누어 가질 수 있다.

"유기농산물은 고유한 향을 간직하고 있어요. 세포조직은 튕겨 나올 정도로 야물고 부딪히는 소리가 맑고 투명해요. 채소를 삶았을 때 이파리가 처지지 않고 맛은 훨씬 구수합니다. 가열하면 탄력이 있고 조직을 쪼개 보면 자기만의 방어물질이 강합니다. 자연의 생명력을 간직하고 있으니까 보관을 오래 할 수 있고 파장이 길어서 생명력이 강합니다. 소비자들이 유기농산물 맛의 차이를 구별할 수 있어야 해요."

20년 전부터 생식을 하고 있는 고 대표는 농원 안에 생식생활연구소를 만들고 오염되지 않은 미각으로 먹거리의 섬세한 맛을 연구하고 질을 높여가고 있다.

농업도 전문 경영마인드 필요
수입의 일정부분 반드시 재투자

"요새 IT 산업 중요하다고 하죠? 첨단기술이 중요하긴 하지만 사회라는 것은 하나의 유기체로 움직이는 것입니다. 농업은 거대한 유기체에 생명을 이어주는 아주 중요한 부분이죠. 노동의 가치를 모르면서 IT 강국이 있을 수 없어요. 산업에 대한 인식도 이제는 수직구조에서 수평구조로 바뀌어야 해요. 농업인도 농사꾼이 아니라 전문산업인으로 대접받

아야 하구요. 노력한 것에 대해 정당한 보상을 해줄 줄 아는 사회가 되어야 합니다. 힘만 쓰는 것이 농사가 아닙니다. 과학을 알아야 하고 사회구조를 알아야 하고 세계정세와 법을 알아야 하는 전천후 전문성이 필요한 것이 농업이에요."

그의 경력을 보면 정말로 전천후 전문가임을 실감하게 된다. 공인중개사, 영유아보육교사, 레크레이션 지도자, 여성농업인 교관, 유통관리사, 자연건강관리자 등 그는 정말 많은 자격증을 가지고 있다. 모두가 농원을 경영하는 데 필요하여 하나하나 공부한 것이다. 땅을 관리하자니 부동산 관련법을 알아야 했고, 유기농 체험교실을 운영하자니 영유아보육이나 레크레이션 전문가가 되어야 했고, 수확한 것을 판매하자니 유통을 알아야 했다.

그의 남다른 경영 포인트는 효율적인 시스템으로 생산성을 높이는 것이다. 그 예가 농원 가운데를 가로지르는 반듯한 농로이다. 일반 과수원에서는 흔치 않은 포장도로.

"이 길은 농원을 개설하고 제일 처음 수확해서 번 돈으로 만든 거예요. 이렇게 만들어 놓으니까 수확한 물건의 운반과 작업하는 사람들의 이동이 얼마나 쉬워요? 저는 수입의 일정부분을 반드시 재투자하는 것을 원칙으로 하고 있어요."

뿐만 아니라 작업 환경에도 세심하게 신경을 쓰고 있다. 농원에는 곳곳에 설치한 스피커를 통해 언제나 음악이 흘러나온다. 어떤 때는 트로트, 어떤 때는 흘러간 팝송, 어떤 때는 우리 민요… 다양한 장르의 음악은 쓰임새가 다 다르다. 일할 때, 점심이나 새참 먹을 때, 쉴 때, 놀 때 등 그 분위기에 맞추어 음악을 들려준다.

"경영마인드가 존재해주어야 재미가 있는 것이지. 경영마인드가 없는 것은 살아 있는 농업이 아니죠."

돈이 최고 목표는 아니지만 경영을 잘 해야 재투자가 가능하기 때문에 그는 정당하게 보상받고 이익을 창출하는 것 역시 경영인이 할 일이라고 말한다.

스스로 '자유를 갈망하는 여자'라고 말하는 고효숙 대표. 자연에서의 삶은 도시의 종속적인 구조가 아닌 평등한 구조를 갖고 있어 좋았다. 그의 열정을 다 받아 줄 큰 그릇을 갖고 있어 좋았다.

'건강한 밥상지기'를 자처하며 자연친화적 삶을 전파해나가는 그의 열정은 쏟아내도, 쏟아내도 마르지 않는 샘이다.

고효숙 대표 성공 4계명

첫 번째 재투자에 인색하지 마라

우리 농업은 아직도 낙후된 시설과 장비로 버티고 있는 부분이 많다. 농업도 타 산업과 같이 효율성과 능률을 요구하고 있는 산업이다. 더구나 농업은 인력에 의존하는 부분이 많기 때문에 능률 제고를 위한 시설이나 환경에 재투자가 필수이다.

두 번째 경영 마인드를 가진 과학 영농을 하라

농사가 아니라 농업을 해야 하는 것이다. 흔히 농업은 노동만 있으면 할 수 있는 것으로 잘못 생각한다. 농촌에는 노동만 존재하는 것으로 알기 때문에 농업에 종사하는 사람들이 제대로 보상을 받지 못 하는 것이다. 농업도 경영마인드를 가지고 과학 영농을 하여야 한다. 그러자면 전체 산업을 볼 수 있는 거시적 안목과 지식이 필수적이다.

세 번째 타협하지 말고 정면 돌파하라

특히 도시생활을 하다가 농업으로 전환하는 경우 많은 난관을 만나게 된다. 지역민이나 거래선과의 갈등, 정부 당국과의 정책 조율 등에서 옳다고 믿는 것은 피하지 말고 과감하게 정면 돌파해야 한다.

네 번째 자연이 주는 무형의 가치를 소중하게 생각하라

돈에 제일의 가치를 두게 되면 농업은 별로 즐겁지 않다. 그러나 무형의 가치에 눈을 뜨면 농촌에서는 매사가 즐겁다. 즐거움이 배제된 성공이란 있을 수 없다. 내가 즐거워야 다른 사람들을 즐겁게 만들 수 있다. 즐거움을 만드는 것에도 기술이 필요하며 이 기술은 정직한 마음과 주변의 모든 것에 대한 관심과 애정에서 나온다.

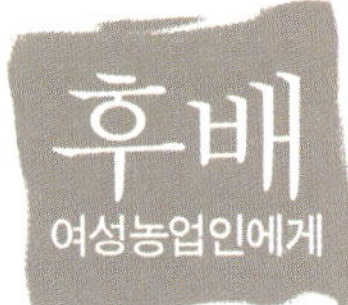

농업 현장에서 부부관계는 동반자적 관계를 요구한다. 여성 없이 농촌을 지킬 수 없는 것이 현실이다. 여성은 이미 농업이라는 산업의 중심에 서 있으며 더 이상 보조자가 아님을 스스로 깨달을 필요가 있다. 여성으로서 주체적 삶을 살겠다는 의지와 자신감을 갖고 노동만 하는 농사꾼이 아니라 경영을 하는 농업인이라는 자부심을 가져야 한다. 자부심과 즐거움 없이 하는 일에 어찌 성공이 따를 것인가?

여성농업인 희망만들기 프로젝트 2

여성농업인 지위 UP! (상)
농가경영협약 · 1인 1출하 "눈에 띄네"

여성농업인의 지위 향상을 위해 농림부는 신선한 아이디어를 바탕으로 다양한 정책들을 내놓고 추진하는 중이다. 가장 눈에 띄는 정책은 '농가경영협약' 과 '여성농업인 1인 1출하 운동' 등이다.

여성농업인은 그동안 농업경영의 파트너로서 기여도는 컸지만, 그에 적합한 직업적 지위를 확보받지 못해왔다. 이에 따라 농림부는 여성농업인이 남편과 공동 경영인으로서 책임의식을 갖고 경영 개선을 도모하는 '부부농업경영체' 로 육성하기 위한 정책을 고심해 왔다.

먼저 여성농업인의 법적지위 향상을 위한 법제화가 추진되고 있다. 농업 · 농촌기본법 시행령 및 시행규칙 등 관련 규정을 개정하려는 것. '농업종사사실' 확인을 통해 농업인 증명이 가능토록 관련 규정을 보완할 계획이다.

'농가경영협약' 이란 가족원의 공동 합의를 통한 경영 관행을 정착시키기 위해 마련된 제도다. 경영협약 체결 농가에 대해서는 정책자금 지원 시 가산점을 부여하는 등 인센티브가 부여된다. 이 제도는 내년부터 여성농업인 단체 주관으로, 창업농 및 우수 후계농을 대상으로 도별 10개 농가 내외로 선정해 '농가경영협약' 이 확산될 전망이다.

여성농업인 지위 향상을 위해 여성농업인 '1인 1출하 대금통장' 갖기 운동도 전개된다. 이는 결혼 후 취득한 농지에 대해 '부부공동소유제' 를 인정하는 사회적 분위기와 함께 병행되어야 한다.

이외에도 '여성농업인 명함 갖기' '부부 공동명의 농장 갖기' '부부 공동농장 명 간판제작 지원' 등 여성농업인 지위 향상을 위한 구체적인 정책들이 많다.

이 같은 정책은 지난해 전문가 연구용역과 관련 기관 및 단체들과의 협의를 거쳐, 여성농업인 단체들과 토론회를 함께 개최한 결과물이다.

농림부 여성정책과 이성주 사무관은 "여성농업인 지위 향상을 위한 현실적이고 구체적인 정책을 내놓기 위해서 농림부는 전국 9개 도 순회 토론회를 여성농업인 단체와 함께 개최했다" 며 "앞으로 지역 여성농업인의 지위 향상을 위해 현장의 의견수렴을 계속 확대할 계획" 이라고 밝혔다.

권두보 딸기 농업인 | 전 한살림 부산 이사, 2002년 귀농. 생태생명 딸기농장 1천 5백 평 규모(전량 한살림 부산, 울산, 부산생태유아공동체에 공급). 농산물 가공 공장 건축 중.

권 두 보 딸 기 농 업 인

딸기의 상품성, 다양한 가공식품 개발로 승부하겠다

"친환경 딸기 생산으로 지농의 꿈 이룬"

서울에서 고속버스를 타고, 여섯 시간 정도 달리자 경남 합천역에 도착했다. 저녁 10시, 어두컴컴하고 고요한 시골이다. 서울서 멀리 떨어진 곳에 사는 분을 인터뷰한다는 핑계로 늦은 시간 조그만 시골집에 들어섰다.

귀농을 해서 딸기 농사를 짓고 있는 권두보 씨를 만났다. 평소 10시쯤이 잠자리에 드는 시간이라는 권 씨의 말에 더욱 미안한 마음이 들었다. 도시의 시간 개념과 농촌의 시간 개념의 차이를 계산하지 못하고 내려온 탓이리라.

'녹색평론' 읽고 한살림 가입
습진, 비염, 아토피 시달리다 유기농으로 체질개선

"한살림 활동을 하면서 시골생활을 막연히 동경했어요. 그러던 중 남편이 사업을 하다가 1년을 쉴 때, 제가 귀농을 고집했어요."

권두보 씨는 지난 2002년 5월 과감한 결단을 내렸다. 부산에서 경남 합천으로 귀농을 한 것이다. 첫해부터 농사를 짓기 시작했다. 아무런 지식이 없는 상태에서 용감하게 처음부터 무농약으로 농사를 지었다. 그것은 부산 유기농산물 직거래 단체인 '한살림' 에서 가격을 보장받고 딸기를 사주었기 때문에 가능했다.

3년 동안은 농사비용을 겨우 건질 정도였다. 지난해부터 1,200평(5동)에 딸기를 재배해 연 순수익으로 2천만 원 정도를 번다. 수입이야 도시에서 직장 생활을 할 때가 더 낫지만, 이들이 느끼는 연 수익은 지금이 훨씬 많게 느껴진다.

권 씨는 자신의 고집스런 귀농 의지를 성큼 받아준, 넉넉한 마음을 가진 남편을 너무 자랑스러워한다. 그러면, 권 씨는 그런 맘 좋은 남편을 어떻게 만났을까. 부산시 사하구 감천동에 살던 권 씨는 지금의 남편과 미팅을 했다. 속으론 맘에 들어 했지만, 처음 만남부터 속마음을 내비치면 안 되는 법. 그런데 집으로 가는 길이 계속 같은 방향이 아닌가. 알고 보니 같은 동네에 살고 있던 선남선녀였던 것. 두 사람은 1년 정도 사귀다, 권 씨가 25살 되던 해에 결혼을 했다.

"저는 고등학교 졸업하고 직장 생활을 계속 했어요. 첫애를 낳고 키울 때까지 맞벌이를 했구요. 그런데 둘째 애를 가졌을 때, 이런 생각이 들더라구요. 직장생활과 돈 버는 일은 언제든지 가능한 일이지만, 아이를 키우는 일은 언제든지 가능한 일이 아니라는 깨달음이죠."

남편 이홍재 씨는 당시 특별한 수입이 없었다. 대학에서 화학공학을 전공하고 유관 업무를 하는 직장에 다녔었는데, 안전성을 이유로 그만두었던 터였다.

남편은 손재주가 뛰어나고, 기술도 좋다. 애플 컴퓨터가 나오기 전에 당구장에 필요한 계산기능이 있는 컴퓨터를 개발했을 정도였다. 이 씨는 '엔진코팅제'를 만드는 회사에 연구실장으로 2년 정도 다녔는데, 근무하던 회사가 부도가 났다. 그래서 이참에 엔진코팅제를 다시 개발해서, 회사를 차렸다. 특허를 받았고 벤처 기업으로 지정도 되었다.

둘째 애를 가졌을 때, 회사가 한참 잘나가고 있을 때였다. 회사가 잘되면 문제가 생기기 마련. 동업으로 시작한 회사였기 때문에 남편과 파트너 간 갈등이 생겨 서로 힘들어졌다. 그래서 회사를 5억 원에 다른 사람에게 인수하기로 결정했다. 아뿔싸. 인수과정서 사기를 당해버린 것이다. 계약금 5천만 원만 받고, 특허를 넘기고 명의도 넘겨버렸다. 오랫동안 거래하던 사람이라서 덜컥 믿어버린 게 잘못이었다. 2000년에 일어난 일이다.

"너무 힘들었어요. 말로 표현할 수 없을 정도로 힘들었어요." 민사소송을 해야 그나마 사기당한 것을 되돌려 받을 가능성이 있는 상황이었다. 그때 권 씨는 맘속으로 이런 결정을 내렸다. "몇 년을 걸러서 소송을 하면서 인생을 허비하고 싶지 않더라구요. 그래서 바로 포기했어요. 그래서 남편이 집에서 1년 반을 쉬었어요."

남편이 정규적으로 돈을 벌지 않아도, 그 전에 맞벌이 기간이 있었기 때문에 먹고살 정도는 되었다. 권 씨의 생활철학을 잠시 들어보자. "항상 먹는 건 1등급으로 먹어요. 대신 다른 부분을 최대한 알뜰하게 살아요. 당시 굉장히 어려운 시절이었어요."

권 씨는 한때 습진, 비염, 아토피 등의 질병이 심해져서, 샴푸로 머리를 감지도 못한 적이 있었다. 사실 삶이란 우연한 계기에 전환기를 맞이하곤 한다. 권 씨도 마찬가지. 권 씨는 직장생활을 할 당시, 우연한 계기에 '녹색평론'을 읽었다. 그리고 1994년에 친환경농산물을 공급하는 단체인 '한살림'에 가입했다. 1993년 마침 부산 한살림이 생겨서, 그는 한살

림에서 매실주스 등을 시켜먹으면서 체질개선에 나섰다. 매일 아침 일어나 공복에 매실주스를 먹었다. 6개월 동안 꾸준히 매실주스를 먹자, 신기하게도 그렇게 애를 먹이던 습진이 호전되었다. 남편과 친정엄마 등이 이런 권 씨를 보고 "별나다"는 얘길 많이 했다. 하지만 권 씨는 "일단 내 몸을 바꿔야 건강하게 살지"하며 꾸준히 체질개선에 나섰다. 서서히 나아지더니, 3년 정도 지나니까 습진, 비염, 아토피 등이 모두 없어졌다.

물론 매실주스만 먹는 노력을 했던 것은 아니다. 커피를 줄이고, 일상생활에서 먹는 음식은 한살림에서 파는 유기농 음식으로 바꿨다. 어느 새 한살림 마니아로 거듭나고 있었다.

'어떻게 사는 게 잘 사는 걸까. 내가 추구해야 하는 게 뭘까….' 권 씨는 한살림 이사활동

을 하면서, 삶에 대한 고민을 많이 했다. 남편은 사업을 할 때, 독학으로 프로그램을 익혀 새벽 2~3시까지 컴퓨터 앞에서 공부를 하고, 이른 아침 7시에 출근하는 생활을 했다. 남편은 총각 때 멋있던 근육이 하얗게 반쪽이 되어갔고, 항상 피곤하다는 말을 달고 살았다.

문득 권 씨는 남편하고 오랫동안 행복하게 살고, 검소하지만 건강하게 사는 것이 자신이 추구하는 삶이란 것을 알게 되었다. 그런 논리로 남편을 설득했다. "시골 가면 몸으로 노동을 하니까, 건강을 찾게 되고, 몸의 균형이 잡힐 거예요."

예전에는 새벽 2~3시 전에 잠을 자지 못했던 남편이, 이제는 밤 10시만 되면 잠자리에 든

다. 새벽에 일어나서 일을 하고, 노동을 하니까, 건강한 생활이 가능하게 되었다는 것. 시골에 살면서 흙을 밟고 육체노동을 하면서 건강을 되찾은 것이 귀농의 가장 큰 수확이다. 현실적으로 생활하기 어려운 점이 있지만, 권 씨는 시골에 나이 들어서 오면 외로울 것 같고, 젊을 때에 시골생활을 시작하는 것이 적합하다고 이야기한다.

권 씨는 귀농한 사람들끼리 모여 사는 것을 구상한다. 시골생활이 생각했던 것보다 많이 힘들었기 때문이다. 권 씨가 제일 처음 경험한 애로사항은 바로 주변 사람들의 무관심이었다. 게다가 이방인이 동네사람들과 어울리는 데 중요한 윤활유인 술도 남편이 못한다는 점. 이것도 시골생활에서 약점 중에 약점이다. "시골에서 술을 못하는 사람은 섞이기가

힘들어요. 그래서 관계가 쉽지 않아요."

이쯤 되면, 권 씨 부부가 왜 하필 둥지를 튼 곳이 경남 합천일까 하는 의문이 생긴다. 친척 등 연고가 있는 것 같지도 않고.

권 씨 부부의 귀농의 시작은 '한살림' 과의 인연에서 시작되었다. 애초 권 씨 부부는 거창으로 이사를 가려고 했는데, 한살림 활동을 하다가 먼저 귀농한 부부가 합천으로 들어오라고 설득을 했단다. 그래서 경남 합천으로 첫 귀농생활을 시작하게 된 것이다.

그런데, 실제로 한 가지 권 씨 부부가 꼼꼼히 확인하지 못한 것이 있었다. 딸기 농사를 결

심하고 합천에 하우스를 지었는데, 그곳이 마침 '상습수해지구'여서, 태풍이 오니까 물에 잠겨버렸던 것이다. 그래서 권 씨의 귀농 첫해는 말 그대로 쫄딱 망해버렸다.

한편 2000년 5월 귀농을 해서 그해 9월에 딸기를 심었는데, 약을 안 쳤다. "그때만 해도 천적이 귀했어요. 딸기에 가장 피해를 주는 응애의 천적인 '칠레이리응애(벌레)'가 귀했지요. 약을 치지 않으면 힘들었어요." 천적을 '한국아이피엠'에 가서 겨우 구했는데, 너무 늦게 구하는 바람에 그해 딸기 농사의 1/4 분량이 벌레 때문에 다 죽었다. 2동(400평) 딸기를 겨우 수확해 한살림에 납품했다.

합천으로 이사를 내려온 며칠 뒤, 집에서 나오는 지하수에 석회분이 많아 남편이 직접 연수기를 만들었다. 그런데, 그때 연수기를 만들다가 연수기가 갑자기 터져서 남편의 두개골이 심하게 다쳤다. 귀농한 지 12일 만에 큰 사고를 당한 것이다. 일요일 새벽 앰블런스를 불러 합천에서 제일 큰 병원에 달려 갔다. 마침 신경외과 의사가 당직이어서 다행이긴 했지만, 그 당직 의사는 책을 보면서 수술을 하려 했고, 심지어 남편이 "죽을 수도 있다"는 경고를 했다. 그때 처음 시골로 이사 온 것을 후회했다. 뇌수술이긴 하지만 파편이 들어간 것뿐, 이상은 없다고 하는 말에 안심을 하고 1차 수술을 했다. 귀농을 할 때, 전 재산인 1억 5천만 원을 가지고 합천에 왔는데, 3년 만에 7~8천만 원을 쓰고 6~7천만 원이 남았다.

지난해 5월 딸기 농사를 마친 뒤, 처음으로 2천만 원의 수입이 생겼다. "농민들마다 농사 방법이 180도 달라요. 그래서 특정한 사람의 말을 듣고 농사를 배우는 것은 오히려 헛갈

릴 수 있어요. 인터넷상의 표준화된 교육을 받는 게 오히려 안전해요. '농촌진흥청' 등에서 실시하는 사이버 교육을 받아요." 그리고 부여에 사는 한살림의 강수옥 선생이 친환경 농사를 가르쳐준다.

아이들한테는 지식교육보다 생활에서 배우는 지식을 많이 가르치려고 한다. 아이들은 아빠와 함께 매듭 묶는 법, 대패질 하는 법 등 실생활에서 필요한 교육을 익힌다. "미래 시대는 교육이 지식교육이 아니라, 맞춤형, 실전형 지식이 필요할 거예요."

권 씨가 가장 중요하게 생각하는 농촌살이의 마음가짐은 멀티플레이형, 혹은 자립형 마음가짐이다.

"도시에서 화이트칼라로 살면 기계 만지는 법은 몰라도 됩니다. 하지만 농촌은 기계를 다룰 줄 모르는 백지상태는 허용이 안 됩니다. 전기는 기본으로 다뤄야 하고요, 트랙터 등 농기계 만지는 것 역시 중요합니다."

트랙터를 못 다룬다고 콜센터에 전화를 걸 수는 없는 노릇이다. 따라서 귀농자 스스로가 멀티플레이형 혹은 자립형 인간이 되어야 한다는 것이다.

적게 농사짓고, 좋아하는 생활하는 게 귀농
'귀농자 훈련장' 만들고 싶어

먼저 귀농한 권 씨는 귀농을 하려고 마음먹은 후배들을 위해 장기적으로 귀농자를 위한 '귀농자 훈련농장'을 만들고 싶단다. 귀농자들이 미리 공부하고, 농사 기술을 습득하지 않고 귀농을 했을 경우, 농사를 실패할 가능성이 높다는 뼈아픈 자신의 경험에서 우러나온 문제의식이다.

권 씨 부부는 농산물 가공 공장을 건축 중이다. 농산물 가공산업이 더 큰 시장이기 때문이다. 딸기를 키우는 권 씨는 우선 딸기에 관련된 다양한 부가가치를 창출하는 사업을 하고 싶은 꿈이 있다.

권 씨 남편 역시 낮에는 아내를 도와 딸기 농사를 짓고 밤에는 농촌에서 필요한 기계들을 더 싸고 질 좋게 발명하는 일을 하고 있다. 딸기 하우스에 비닐을 씌우고 벗기는 데 편리한 기계, 휘어진 하우스 파이프를 간편하게 펴는 기계, 헌 전기밥통을 이용한 미생물 발효기, 효율이 뛰어난 딸기 예냉 창고 등을 개발하여 실용화 하기도 했다. 이런 만물기계박사인 남편은 요즘 권 씨의 꿈을 이루는 것을 돕기 위해 '딸기 맞춤형 환경제어시스템' 개발에 여념이 없다.

권두보 농업인 성공 4계명

첫 번째 절대로 포기하지 않는다
내 사전에 '포기' 라는 단어는 없다. 쓰러지고 또 쓰러져도 포기하지 않고 일어난다.

두 번째 항상 학습하고 연구한다
책을 보거나 인터넷을 활용해 정보를 많이 습득한다. 그래서 항상 학습하고 연구해서, 귀농 생활의 시행착오를 줄인다.

세 번째 농촌 생활을 즐긴다
귀농은 도시의 삶과 다른 삶을 찾아서 한 것이다. 따라서 최대한 농촌의 맑은 하늘, 맑은 공기, 푸른 자연 등을 벗 삼아 즐긴다.

네 번째 자기의 존재가치를 부각시킬 수 있는 활동들을 찾아서 한다
학부모로서 우리 농산물 급식문제에 관심을 갖거나, 지역 문화 활동인 풍물 활동을 통해 내 존재가치를 계속 지켜나간다.

다섯 번째 검소함을 즐기고, 손으로 직접 하는 활동들에 가치를 부여한다
농촌의 삶은 도시의 소비적 삶과 다르다. 수입구조와 패턴 역시 농업은 다르다. 따라서 검소함은 필수. 검소한 생활을 하려면 필요한 물건을 구매가 아닌, 직접 자신의 손으로 만들어보는 것도 중요하다 .

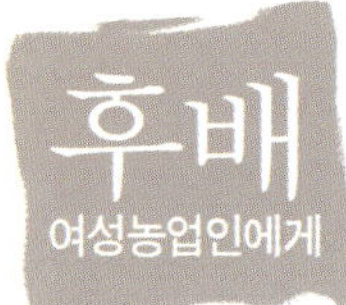

잠재력 활용할 수 있는 기회의 땅 농촌

농촌은 기회의 땅이다. 자신의 존재가치를 부각시킬 수 있는 많은 능동적인 일들이 젊은 여성 농업인들을 기다리고 있다. 불안정하지만 자유롭고, 자신의 잠재력을 활용할 수 있는 일을 찾는 여성이라면 누구라도 가능성을 발견할 수 있을 것이다.

여성농업인 희망만들기 프로젝트 3

여성농업인 맞춤 교육프로그램
비즈니스 아카데미, 리더양성에 '굿'

여성농업인들은 좀 더 나은 농업의 가능성을 위해 그리고 개인의 자아성취를 위해 끊임없이 교육받고자 하는 욕구가 크다. 이에 농업인 단체별, 시군 지방자치단체별 전문 프로그램이 다양하게 개발되고 있다.

한국여성농업인중앙연합회(한여농)은 여성농업인을 대상으로 올해 3월부터 11월까지 농업 경영 비즈니스 아카데미를 진행해 큰 호응을 얻었다. 한여농 김정희 사업관리실장은 "마케팅 교육, 친환경교육, 농촌관광 교육 등은 지역 여성농업인들에게 큰 호응을 얻고 있다"며 "특히 비즈니스 아카데미는 교육에 그치는 것이 아니라 '여성농업인 사업가'를 양성하는 프로그램"이라고 밝혔다. 이 외에도 한여농은 친환경, 리더십, 농촌관광, 여성농업인정책 및 농정관련, 창업마케팅 및 브랜드, 농협임원교육, 인터넷 및 컴퓨터 등 지역을 돌며 교육하고 있다.

전국여성농민회총연합(전여농)의 '여성농민 카메라를 들다'라는 이름의 미디어 교육은 비전문가인 여성농업인들이 자신의 삶을 직접 카메라에 담아 농업현실을 고발한 교육으로 주목받았다. 문화적 욕구를 표현하면서 동시에 농가 현실을 상영하는 고발의 의미까지 띄고 있다. 분기별로 교육이 진행되고 교육 후 직접 제작한 영상에 대한 상영회를 진행한다. 특히 여성농업인의 손으로 여성농업인운동에 대한 기록 영상을 만드는 역사적 자료를 만드는 의미도 있다.

한편 농업연수원은 지난해부터 여성농업인 중 지방자치단체 농정위원반을 운영해 정책 능력 향상을 돕고 회의 진행 능력을 배가시키는 리더십 프로그램을 진행 중이다. 또 농촌관광 서비스 교육은 농촌 체험을 원하는 도시인들을 가이드하거나 관광마을을 운영하는 방안을 교육한다. 맞춤형 혁신 리더십 과정, 여성농업인 정책과정도 진행 중이다. (문의 농업연수원 학사과 031-299-0022) 경상북도 칠곡군이 운영하는 평생학습대학의 여성농업경영과정은 한 강좌에 1만 5천 원 수준의 저렴한 수업료인데다 학점은행제 인정기관으로 지정돼 전문학사 학위도 가능하다. (문의 교육지원 담당 054-972-6777)

김금희 대표 | 1971년생. 2000년 안성에서 새송이버섯 농장 〈머쉬하트〉 시작. 농업연수원 농업경영 CEO과정 수료. 단국대학교 농산물유통전문가과정 수료. 현재 호서대학교 전문대학원 식품영양학과 박사과정 중. 2004년 농업인의 날 농림부장관상 수상.
머쉬하트 | 직원 83명. 연간 매출 36억 원. 5개의 새송이버섯 재배농장에서 일 4,600kg, 연 1,380톤 생산. 2006년 3월 하루 3.3톤 규모 제 6농장 착공. 2002년 국립농산물품질관리원 무농약재배 인증. 2004년 호서대학교와 산학협동 연구(새송이버섯 생리활성 규명, 레시피 개발) 2005년 12월 경기도지 사인증 G마크 획득.

김 금 희 머 쉬 하 트 대 표

김금희

농업은 가슴으로 일구는 "마이 웨이,
모두 말렸지만 확신으로 밀어붙여

"차별화된 재배기술로
새송이버섯의 독보적 존재"

경기도 안성시 서운면. 포도밭 줄줄이 늘어선 한적한 23번 지방도로를 따라가다 보면 한 눈에도 '아! 저기다' 알아볼 수 있을 만큼 깔끔한 하얀 건물 몇 동이 눈에 들어온다. 마치 공장같이 보이지만 버섯농사를 짓는 농장이다. 좀 더 다가가면 세련된 디자인의 안내 간판이 〈머쉬하트〉임을 알리고 정문을 들어서면 벌써 아릿한 버섯 냄새가 코끝을 거쳐 머리를 돌고 나온다. 신선함이 그대로 느껴진다. 신발을 실내화로 갈아 신고 현관을 들어서니 모든 것이 정갈하다.

지난 2000년 혼자 몸으로 버섯농장을 시작하여 다음 해에 6명 직원들로 만들어낸 첫 생산품을 들고 가락동에 나타난 당찬 여성. 그 후 5년 동안 매년 농장을 하나씩 늘려 이제는 5개 농장에서 매일 5톤의 버섯이 생산되고 연간 매출액 36억 원, 83명의 직원을 둔 번듯한 기업으로 성장시킨 김금희 대표. 그는 아직도 책가방이 어울릴 것 같은 학생 티가 남아 있는 서른다섯 살 젊은 CEO다. 학생이라는 말도 틀리지는 않다. 지금 호서대학교에서 새송이버섯 관련 박사학위 논문을 위해 마지막 학기를 공부하고 있으니 말이다. '첨단과학이어야 농업이 살아남는다' 는 소신을 갖고 우리 농업의 가능성을 말하는 김금희 대표. 지금 이 순간에도 전문가가 아니면 살아남을 수 없다는 생각으로 끊임없이 공부하고 연구하고 개발에 참여하며 이제 버섯을 뛰어넘어 경영까지 전문가가 되기 위해 열심히 뛰어다니는 그에게서 우리 농업이 가야할 길을 본다.

남들과 같아서는 이길 수 없다
'버섯에 미친 여자' 새송이 한 종목에 승부수

김 대표가 버섯을 접하게 된 것은 1990년 천안 연암대학 원예과에 입학하면서부터다. 천안이 고향인 그는 주변에서 농사짓는 것을 보면서 커왔고 자연스럽게 원예를 택했다. 당시 연암대학은 다른 대학과 달리 규모가 큰 버섯재배 실험실을 갖고 있었다. 지금같이 웰빙식품으로 버섯이 각광받는 때도 아니었지만 김 대표는 버섯에 빠지기 시작했다. 대학을 졸업한 뒤 학교 실험실에 연구원으로 계속 남게 된 것은 행운이었다. 그곳에서 8년 동안 버섯균 배양부터 재배까지 버섯에 관한 모든 지식을 습득할 수 있었다. 이때부터 김 대표는 버섯에 인생을 걸어볼 생각을 굳히게 되었다.

많은 버섯 종류 중 그가 택한 것은 새송이버섯. 2000년 당시는 느타리버섯이나 팽이버섯이 주류였다. 새송이를 하겠다고 하니 모두 말렸다. 그러나 그의 생각은 달랐다. 느타리나 팽이버섯은 이미 중반기에 들어섰고 새송이는 시작단계였다. 아니 새송이버섯이라는 말조차 생소했다. 새송이버섯은 느타리버섯 종류로서 처음에는 큰느타리버섯으로 불렸다. 그러나 시장에서의 반응이 좋지 않아서 송이와 비슷하게 생겼다 하여 새송이로 이름을 바꾼 지 얼마 되지 않은 때였다. 이제 막 알려지기 시작한, 시장이 불투명한 품종을 선택하는 것은 모험이었다. 그러나 김 대표의 생각은 확고했다.

"처음 시작할 때 갈등도 있었죠. 이미 버섯농장을 하시는 분들이나 학교 교수님, 동료들 모두 공연히 모험하지 말고 안전한 팽이버섯으로 가라고 그러셨어요. 그러나 난 새송이의 특징을 잘 알고 있었기 때문에 새송이가 된다는 확신이 있었어요."

2000년 안성에 200평 정도의 조그마한 땅을 마련하고 하우스를 한 동 지어 시험 버섯 재배에 들어갔다. 서울을 오가며 시장 조사를 하고 상품 출시를 위한 박스를 맞추고 포장 디자인도 직접 했다. 초기 투자비용 약 1억 원. 사실 젊은 여자로서 1억 원이라는 투자는 쉽지 않은 결정이다. 그러나 김 대표는 자신이 있었기에 주저하지 않았다.

"버섯은 식물과 동물의 경계선에 있는 특이한 생물입니다. 살아 있는 균이죠. 그래서 버섯으로 성공하려면 삼박자가 맞아야 해요. 첫째 균에 대해 잘 알아야 하고, 둘째 재배 기술이 있어야 하고, 셋째 시설을 제대로 갖추어야 해요. 그런데 이 세 가지가 모두 내 손 안에 있었거든요. 겁나지 않았어요. 돈요? 대출도 받고 도움도 받고… 뜻이 있으니 길이 열리더라구요."

김 대표의 이 같은 자신감은 그의 버섯에 대한 정확한 지식에 바탕을 둔 것이다. CEO가 경험과 학문적 근거를 모두 갖춘 버섯 전문가라는 것은 〈머쉬하트〉의 큰 강점이다. 일 년 동안 상품화를 위한 버섯의 모양을 만들어가고 그것을 들고 가락동 농수산물 시장을 수없이 들락거리며 반응을 살폈다.

"저에게는 여자라는 것이 오히려 보너스였어요. 거친 가락동에서 모두들 신기해 하시더라구요. 젊은 여자가 농업에 종사한다는 걸 색다르게 보고 많이 도와줬어요."

그는 '버섯에 미친 여자' 로 불리기 시작했다.

농업은 첨단과학이어야 살아남는다
고정관념 깨면 반은 성공한 것

버섯의 성질을 누구보다도 잘 알고 있던 김 대표는 차별화된 재배 방법으로 승부를 걸었다. 첫째 '크린 룸' 재배 방식이다. 톱밥, 밀기울, 대두피, 비지, 해초분, 효모, 옥수수가루 등을 섞어 배양액을 만든 뒤 살균처리하고 여기에 버섯 종균을 심어 유리병에서 키워내는 방식이다. 한 번에 1,100cc짜리 4만여 병을 배양할 수 있는 기술이다. 둘째, 저온재배법이다. 보통 버섯은 16~18도에서 재배한다. 김 대표는 이것을 1~2도 낮추었다. 이렇게 온도를 낮추면 성장 속도가 느려 생산자는 손해다. 대신 느리게 자라기 때문에 조직이 단단해

져 씹는 맛이 좋고 보관기간을 늘릴 수 있어 유통기간에 여유가 생기는 장점이 있다.

"버섯 재배하는 분들은 모두 남보다 조금이라도 빨리 더 크게 키워 시장에 내기를 바라죠. 그 유혹을 뿌리치기는 쉽지 않아요. 그렇지만 저는 처음부터 지금까지 이 저온 재배를 유지해오고 있어요. 그래서 머쉬하트는 언제나 시장에서 최고의 값을 받는 거예요."

표준화도 그가 신경 쓰는 것 중 하나다. 일류 상품으로 자리매김하려면 생산단계에서부터 완성된 제품은 물론 공급까지도 일정함을 유지해야 한다. 그러자면 종자부터 생산라인 및 규모, 기술이 안정되어야만 가능하다. 머쉬하트 농장의 생육실은 마치 반도체공장이나 병원처럼 보인다. 과학적이고도 체계적으로 모든 것이 운영되고 있다. 오염을 방지하기 위해 살균과 청결은 우선으로 지켜져야 하고 생육실마다 출하 날짜에 맞춘 버섯들이 인큐베이터의 아기처럼 정성스레 자라고 있다.

배지 재료 준비부터 살균, 냉각, 접종, 배양, 균 긁기, 발아, 생육, 수확으로 이어지는 버섯 농사의 과정은 균을 다루는 첨단과학이다. 그는 지금도 계속 공부하고 연구하고 있다. 사업을 시작하고 나서도 공부를 게을리 하지 않았다.

요사이 그가 특히 신경 쓰고 있는 것은 새로운 제품 개발이다. 새송이와는 다른 기능성의 새로운 버섯을 내놓겠다는 야심 찬 계획을 가지고 있다. 신품종 개발은 우리 농업의 가장 중요한 당면과제다. 오는 2010년이면 종자산업법에 따라 모든 버섯이 품종보호출원 대상으로 확대된다. 상당수 품종을 외국의 것으로 사용하고 있는 우리는 로열티 지급이 심각한 사안으로 대두되고 있다. 한순간이라도 안주하고 머물러 있을 만큼 여유롭지 못한 이유다.

"우리의 농업 현실이 좋지는 않아요. FTA에 압박당하고 세계 농산물 시장은 종자 전쟁 중이에요. 농업도 이제 첨단과학이어야 살아남을 수 있어요. 농사가 특별한 기술 없이도 된다고 생각하면 큰 오산이지요. 농사는 첨단과학이기 때문에 가능성이 있는 것이고 그래서 미래 농업에 희망이 있다는 거예요. 연구하고 개발하고 나보다 나은 기술은 빨리 배워 도입하고 언제든지 새로운 것을 받아들일 준비가 되어 있어야 해요. 지금 농업 환경을 보세요. 재료가 바뀌고 있죠, 기술이 바뀌고 있죠, 공기가 바뀌고 지구 기온이 바뀌고 있어요. 모든 것이 바뀌고 있는데 사람만 바뀌지 않는다면 문제죠. 오랫동안 농사를 지어오신 분들은 해오던 방식의 고정관념을 깨기가 쉽지 않아요. 농사는 일단 고정관념을 깨면 반은 성공한 거예요."

그는 요새 우리 사회가 농업을 너무나 비관적으로 몰고 가는 것도 문제가 있다고 지적한다.

"매체들이 너무 어두운 면만 자꾸 보여주니까 젊은이들이 외면하고 발전을 오히려 방해하고 있어요. 좀 더 힘차고 활기차게 일하는 모습을 보여 주었으면 좋겠어요. 우리 농업이 그렇게 어두운 것만은 아니거든요. 물론 문제점은 있지만 지혜롭게 헤쳐 나가면 시장의 가능성은 얼마든지 있다고 봐요."

그는 우리가 뒤떨어지는 포장, 디자인, 마케팅 기법 등은 선진국에서 배우고, 제품 정직하게 만들고, 기능성 버섯 개발과 같이 새로운 부가가치를 창출하는데 노력한다면 어려울 것도 없다고 믿고 있다.

가슴으로 하는 것이 참농업
종업원 배제된 성장은 의미 없어

〈머쉬하트〉. 이는 김 대표가 직접 지은 이름이다. 왜 버섯(Mush)에 가슴(Heart)이라는 단어를 붙였을까?

"농업은 가슴으로 해야 해요. 여건이 그러니까 농사를 짓는다는 식으로 나를 일에 끼워 맞추는 것이 아니라 가슴이 움직여서 능동적으로 내가 선택해서 하는 것이어야 농사로 성공할 수 있어요. 그래야만 멀리 크게 보고 앞으로 나아갈 수 있다고 생각합니다."

김 대표는 직원을 뽑을 때도 이 점을 매우 중시한다. 농업은 마음으로 하는 것이라 굳게 믿기 때문에 아무리 실력이 있어도 농업에 대한 기본적 소양을 갖추지 않은 사람은 선택하지 않는다.

"농업은 생명을 다루는 일이기 때문에 기계적인 습관으로는 한계가 있어요. 가슴이 느껴서 하는 것과 누가 시켜서 하는 것과는 결과물에서 큰 차이를 가져오죠."

마음으로 하자는 것은 그의 경영철학이기도 하다. 그는 항상 직원들이 고맙다고 한다. 그는 〈머쉬하트〉가 성공한 것은 직원들이 열심히 해 준 덕이라고 공을 돌린다. 현재의 종업원들이 그가 꿈꾸는 '존경받는 기업 사랑받는 기업' 으로 자리매김할 때까지 모두 같이 가기를 바란다. 종업원이 배제된 성장은 의미가 없다고 믿기 때문이다.

요새 김 대표는 농업인은 물론 기업 경영인들을 많이 만나고 있다. 그들과 만나서 이야기하다 보면 아이디어가 떠오르고 정보도 얻고 배우는 것도 많기 때문이다. 농장 규모가 커지고 매출이 증가하다 보니 지금까지와는 또 다른 경영 능력이 요구되고 있는 것이다. 회

머쉬하트
새송이버섯

계, 인사, 마케팅 등 생산부터 주문, 홍보까지 일일이 혼자 하던 초기 방식으로는 안 된다는 것을 알게 되었다. 여기서 김 대표의 경영 능력이 돋보인다.

'내가 모르는 것은 전문가를 써라.'

필요한 곳에 필요한 사람을 배치함으로써 자신의 역량을 더 큰 곳으로 돌리는 것이다. 그는 내부일은 그들에게 맡기고 외부일을 떠맡았다. 지금부터 그가 꿈꾸는 것은 외형이 아니다. 머쉬하트의 중기 경영계획을 보면 2000년 태동기와 2005년까지의 성장기를 거치고 2006년부터 2010년까지를 성숙기로 잡고 있다. 이 기간 동안 조직, 유통, 생산 면에서 효율성을 증대시켜 차세대 성장 동력을 만들어낸다는 것이다. 지금부터는 외형을 키우는 것이 아니라 내실을 다져 일류 상품으로 부가가치를 높여 매출을 증대시키는 전략이다.

"경영자로서 회사를 발전시켜 종업원들에게 좀 더 나은 일터를 만들어주는 것이 제가 할 일이라고 생각해요. 〈머쉬하트〉는 이제 기업으로서의 틀은 어느 정도 갖추어졌어요. 설비나 기술이나 시장 신뢰도가 안정 궤도에 올라섰으니 안의 일은 우리 직원들에게 맡기고 저는 좀 더 큰 틀에서 나의 역할을 해야 하겠죠."

버섯에 빠져 결혼은 생각해 본 적도 없었다는 김 대표. 그런데 2년 전 집안 소개로 한 남자를 알게 되었고 서로 생각이 닮아 늦은 결혼을 해 이제 한 살 된 딸을 두고 있다. 그러나 안타까움이 있다. 내 몸을 통해 태어난 자식은 또 다른 큰 기쁨을 주는 생명이지만 일 때문에 어쩔 수 없이 함께 살지 못하고 있는 것이다. 시댁과 친정에서 돌아가며 살펴주고 있어 안심은 되지만 미안함은 어쩔 수 없다.

"아기와 남편에게 미안하죠. 아기에게 시간을 내주지 못하는 것이 안타깝지만 일단 농장에 들어와 일에 묻히다 보면 또 잊어버려요. 이래서 버섯에 미쳤다고 하나? 남편도 고생 좀 하고 있어요. 그 사람은 공무원이라 과천에서 근무하는데 버섯 가까이 살아야 한다는 이유로 매일 안성에서 과천까지 출퇴근 하니 좀 힘들죠. 여자가 아이 돌보며 일을 한다는 게 모든 직업이 다 힘들겠지만 특히 여성농업인들에게는 보육과 교육이 큰 문제예요. 우리 후배들을 위해서라도 여성농업인 정책 중 이 점에 비중을 두어 주었으면 하는 바람이 있죠."

그는 선장이 누구냐에 따라 배의 방향이 바뀌듯이 80여 명을 책임지고 있는 본인의 올바른 결정과 판단을 위해 내공이 중요하다고 생각한다. 그래서 일하며 공부하느라 눈코 뜰 새 없이 바쁜 나날을 보내고 있다.

"일 하면서 공부한다는 게 쉬운 일은 아니에요. 그래도 하나하나 깨우쳐 가는 것이 뿌듯해요. 교육받는 과정에서 마음이 열린다고 할까요?"

그는 이번 박사학위가 끝나는 대로 MBA를 시작할 거라고 한다. 요새 그가 읽고 있다는 책 한 권이 책상 위에 놓여 있었다. 『삼성과 싸워 이기는 전략』 항상 지식에 목말라 하고 지혜로운 경영자가 되기 위해 노력하는 김금희 대표다.

김금희 대표 성공 4계명

첫 번째 농업을 첨단과학으로 만들어라

세계시장에서 우리 농업을 지켜 내려면 양보다 질에 승부를 걸어야 한다. 생산품의 부가가치를 높이려면 기술과 시설이 첨단화되어야만 한다. 농업에 첨단과학이 도입되어야만 미래가 있다. 시장의 가능성은 얼마든지 있다.

두 번째 고정관념을 깨라

농업에서 고정관념을 깰 수 있다면 반은 성공이다. 언제든지 새로운 것을 받아들일 준비를 하라. 아무리 값진 것도 내가 받아들일 준비가 되어 있지 않으면 그림의 떡이다.

세 번째 내가 못하는 것은 전문가를 들여라

한 사람이 모든 것을 다 할 수는 없다. 나보다 더 잘 할 수 있는 사람이 있다면 그 사람에게 맡기고 내가 잘 할 수 있는 일, 내가 해야 할 일들에 충실해라.

네 번째 항상 지혜에 목말라 공부하라

늘 겸손하고 배우는 자세로 임하라. 가능하면 직접 체험을 하고 체험할 수 없는 일이면 찾아다니며 듣고 배우는 것이 중요하다. 먼저 경험한 좋은 사람들을 많이 만나 배우는 것은 큰 도움이 된다.

요령 피우면 백전백패

농업은 가슴으로 해야 한다. 어쩔 수 없이 농사를 짓는다는 식이 아니라 가슴이 움직여서 능동적으로 내가 선택해서 하는 것이어야 농업으로 성공할 수 있다. 그래야만 멀리 크게 보고 앞으로 나아갈 수 있는 것이다. 가슴으로 이 일을 하려면 중요한 것이 '정직한 마음'을 가져야 한다는 것이다. 생산에 신경 쓰다 보면 많은 유혹이 다가온다. 좀 더 크고 보기 좋은 상품을 내기 위해선 그 유혹에 넘어가면 안 된다. 원칙에 충실해라. 모든 것은 기본 원칙에서 나온다. 정직한 마음이 성공을 가져온다.

여성농업인 희망만들기 프로젝트 4

나도 여성 농업전문가
여성농업인 위한 프로그램 다양화

여성농업인을 대상으로 한 농업전문인 양성 프로그램과 리더십 프로그램, 해외연수 및 진학 프로그램이 다양하게 구비되고 있다. 농업 기술의 선진화와 자기 계발을 원하는 여성농업인의 욕구에 맞춰 기술교육 및 마케팅 교육 등 분야도 다양하고 세분화되었다.

농림부는 여성농업인을 선정해 선진 농업국의 대표적 영농기술과 경영기법을 체험할 수 있는 기회를 제공한다. 여성농업인 단체별로 20여 명을 선정할 계획이며 선진적 농업기술 개발에 앞장서고 있는 여성농업인을 선정, 경비의 50% 수준을 지원금으로 보조한다. 이에 한국여성농업인중앙연합회(한여농) 회원 28명은 프랑스와 독일의 선진 농업기술을 탐방하는 해외연수를 10월 말에 진행했다. 현지의 농민단체를 방문해 간담회를 갖고 농가혁신을 위한 아이디어를 모색하였다.

또한 제주대·농협대 등 최고 농업경영자과정을 개설한 각 지역별 22개 농업계 대학은 여성농업인 대상의 특별 과목을 개설하거나 농업경영에 성공한 여성농업인들을 강사로 초빙, 특강을 진행하는 등 여성농업인 대상 프로그램을 강화하고 있다. 제주대 농어업경영자과정 사무국 김정선 씨는 "농업 및 어업에 종사하는 부부가 동시에 입학할 경우 한 사람의 학비를 50%로 책정한다"고 밝혔다. 농림부는 각 지자체에 지역 농업대학이 20% 이내에서 여성농업인을 우선적으로 선발할 것을 권고한다.

새로운 기술로 농가의 위기를 극복하려는 여성농업인들의 요구에 발맞추어 농업기술원 및 시군 농업기술센터 8곳에서는 농촌여성 평생학습센터를 운영하고 품목별 전문교육, 농업인 정보화 교육 등을 실시한다. 작목별 전문 과정, 수확 후 처리 및 가공, 유통 및 마케팅 등 농업관련 과정과 농촌관광 서비스, 회계, 노인복지, 조직관리, 리더십 등의 프로그램을 제공한다.

특히 농촌 정보화교육은 20억 원 규모의 지원으로 다양하고 폭넓은 교육이 이뤄지고 있어 정보화 교육을 원하거나 정보화교육 리더 과정(교사 교육) 수강을 원하는 여성농업인은 각 시·군 농정과에 문의하면 초급부터 고급과정까지 자신의 수준에 맞는 교육과정을 수강할 수 있다.

김현숙 대표 | 1960년생. 정선군 생활개선회장(1996~1997). 강원도 여성발전위원회 위원. 농림부 농업연수부 외래강사. 한국농업전문대학 현장교수. 중국연변 려명농민대학 객원교수. 강원도 여성정책 심의위원. 제5대 정선군의회의원 예결위원장.
김 현 숙 제 일 농 장 대 표
김현숙

농사꾼도 예술가, 평생 남을 작품 일군다

"절대로 광부랑 결혼하지도 말고 광산 근처에선 살지도 마라."

언제 무너질지 모르는 불안감 속으로 매일 남편을 일 보내는 어머니는 딸에게 항상 이렇게 말씀하셨다. 가족에게 광산업은 불안한 생활 그 자체였다. 사북과 고한 근처 탄광에서 아버지는 일을 하고 있었다. 가난한 광부들이 검게 탄을 뒤집어쓰고 잠드는 밤에 벼락치기로 돈을 번 광산 하청업자들이 탄광 근처의 거대한 요정과 윤락가에서 밤을 밝히는 곳이었다. 값싼 노동력에 이용당한 광부들의 분노에 사북은 폭력으로 점철되었고 석탄 사용이 줄면서 정선의 탄광들도 하나 둘 폐광되었다.

어머니에겐 농사를 짓고 사는 게 큰 꿈이었다. 딸은 농사짓는 사람과 결혼해 땀 흘려 농사짓는 게 장래희망이 되었다. 고등학교 졸업 후 농촌지도소에서 영농기술 교육을 받다 들깨 한 줌이 한 가마니로 수확되는 것을 보고 자연과 인간의 힘에 전율을 느낀 뒤였다.

첫 농사, 백지에 그리는 그림
'농사로 진 빚 농사로 갚자'

남편 전주영 씨도 공무원 집안에서 태어나 농사와 관계없는 삶을 살던 사람이었다. 결혼과 동시에 부부는 초보 농사꾼이 되어 농사를 시작했다. "한 번도 농사를 지어본 적도 없고 옆에서 봐 온 것도 아닌데 잘 할 수 있을까요?" 아내의 걱정에 남편은 이렇게 격려했다. "백지에 그리는 그림이 더 잘 그려지는 법이지요. 남들이 반 쯤 그린 그림에 내 그림이 그려지겠어요?"

두 부부는 신혼여행 대신 그 비용으로 돼지 5마리를 구입했다. 백지 앞에 붓 쥐는 마음으로 농사를 시작한 것이다.

처음 그리는 그림인데 시행착오가 없을 리 없었다. 의욕적으로 돼지 농장을 시작했는데 1979년에 돼지 파동이 터져 새끼돼지 한 마리 값이 5천 원으로 떨어졌다. 실패만 되뇌지 말자고 다짐하며 그 해 마늘 50접을 종자삼아 2천 5백 접으로 생산량을 늘렸는데 또 다시 마늘 파동이 터졌다. 창고에 가득 쌓인 마늘이 썩고 있었다. 실의에 빠져있던 어느 날 남편이 농민후계자로 선정되어 농협에서 융자를 받을 수 있게 되었다. 그 돈으로 한우 2마리와 밭을 구입했고 김현숙 씨도 경운기와 농기계 교육을 받았다.

하지만 의욕적으로 시작한 것도 잠깐, 소 농장을 시작했더니 1983년부터 소 파동이 시작됐다. 송아지 딸린 엄마소를 2백 8십만 원에 구입해 3년을 키웠는데 시세가 뚝 떨어져 80만 원을 받지 못했다. 원가를 생각해도, 키운 기간을 생각해도, 사료 값을 생각해도 도저히 납득이 가지 않는 결과였다. 부지런히 일하기만 하면 하늘도 탄복한다던데 열심히 해도 망하는 게 농사구나 싶었다. 게다가 소 값 파동으로 농민들이 잇달아 자살을 하는데도 우루과이 라운드라며 수입 소고기가 들어왔다. 농업의 모순, 유통의 모순을 실감했고 절망했다. 정책적인 시행착오도 있었지만 경험 부족으로 인한 개인적인 실패도 잦았다. 고산지대에 방목해서 소를 키우면 소가 건강하게만 자랄 줄 알았는데 관리 부실로 종종 소들이 벼랑에서 굴러 떨어지기도 했다. 고삐가 감긴 채 벼랑에서 굴러 떨어진 소를 보고 가슴이 찢기는 듯했다. 뒤이어 병이 들거나 농장주의 지식 부족으로 7마리의 소를 잃었다. 방목은 농장에서 키우는 것보다 훨씬 어려웠다.

이러저러한 실패로 빚만 늘어났다. 1983년부터 시작된 소 파동의 타격은 심각했고 1989년 즈음엔 직격탄을 맞았다. 농사를 시작한 지 10년이 흘렀고 빚이 9천만 원으로 늘어 있었다. 서울 지역 변두리 전세 값이 3백만 원이던 시절이었으니 죽었다 깨도 도저히 갚을 수 없는 액수요, 도둑질을 해도 갚을 수 없는 돈이었다. 그때까지 가진 땅과 농장, 가축을 정리하니 겨우 5백만 원의 수익이 나왔다. 시아버지와 집안의 어른들은 5백만 원이라도 갚고 도시로 가 새 삶을 살라고 당부했다. 도시로 가서 일한다고 빚을 갚을 수 있을까, 눈앞이 깜깜했다.

부부는 밤을 지새우며 의논하다 '농사로 진 빚이니 농사로 갚자' 고 의기투합했다. 파동이 일어나지 않을 작목, 남들이 안 하는 방법을 찾아 나섰고 고산지대에 고랭지 농사를 시작하기로 했다. 지대가 높아 옥수수와 콩 농사를 실패해 묵히고 있던 땅에 배추와 열무를 심기로 한 것이다. 그때까지만 해도 고랭지 농업은 소규모로 짓고 있었고 수확을 해도 교통이 나빠 유통할 활로가 없었기 때문에 종사하는 농민도 많지 않았다. 부부는 정선군청을 제집 드나들 듯 찾아다니며 도로 공사를 요청했다. 관계자들을 찾아가 "도로가 없어서 농

산물 출하가 불가능하다니 말이 되느냐"며 "고랭지 농업으로 정선 농민들의 활로를 모색하자"고 설득하고 다녔다. 부부의 간청을 계기로 도로 공사가 시작되었다.

부부는 배추 농사에 목숨 걸듯 달려들었다. 잠을 세 시간 이상 잔 적이 없었다. 밤이 되면 경운기와 오토바이의 불을 밝히고 열무를 뽑았다. 10여 년의 실패와 좌절을 보상해주듯 그 해 깨끗하고 싱싱하고 맛이 단 배추가 트럭 2백 대 분량으로 생산되었다. 도로가 뚫려 유통도 용이했다. 그 해 배추 수익만으로 2억 원을 벌었다. 대성공이었다. 부부는 너무 기쁘고 감격스러워 잠을 잘 수가 없었다.

남편과의 평등한 걸음
농사꾼의 아내는 보조자가 아니라 동업자

그녀는 결혼 직후부터 형식에 구애받지 않고 자기 일을 하는 새댁으로 유명했다. 작은 오토바이를 타고 농가를 돌며 음식물 쓰레기를 수거하는 것도 그녀의 몫이었다. 정선에서 오토바이를 탄 젊은 여자는 탄광 주변의 티켓 다방 아가씨로 인식되던 30년 전 이야기다. 오토바이를 타고 음식물 쓰레기를 받으러 가는 그녀를 보고 이웃들은 말리고 수군거렸다. 보수적인 농촌 분위기 속에서 사람들은 때때로 내용보다는 형식을 중요시하곤 했다. 불필요한 비난에 남편에게 일임하고 다른 일을 할까도 고려했지만 남의 이목 때문에 당장 절실하고 시급한 일을 그만둘 수는 없는 일이었다. 누가 뭐라 하든, 형식에 구애받지 않고, 그리고 여자라는 한계에 구애받지 않고, 자신이 열심히 살고 있는 것에 부끄러울 것이 없다고 생각했다. 그녀는 곧 정선에서 오토바이 타고 농사일 하는 유일한 젊은 여성이 되었다.

여자라는 이유로 농업의 보조자로 떠밀리지 않겠다는 그녀의 결심은 삶에 대해 더 적극적인 태도를 가져왔고 여러 곳에서 그 빛을 발했다. 그녀는 포크레인 자격증을 따고 기계들을 섭렵해 수리에 나섰다. 남편보다도 더 꼼꼼하고 정확해 요즘도 기계 관련한 업무는 김현숙 씨 몫이다. 이 뿐이 아니었다. 일찍부터 남편과는 부부 공동명의로 재산을 공유했다.

그 시절만 해도 '평등한 부부' '부부 공동재산' 에 대한 개념이 없던 시절이었다.

"고랭지 배추로 성공한 뒤 빚 갚는 것보다도 먼저 농사에 재투자를 했어요. 고랭지 밭을 두 배로 늘리면서 그 밭의 명의는 제 이름으로 해달라고 남편에게 요구했죠. 그래도 알고 보면 남편이 얻은 게 더 많아요. 둘이 더 의욕적으로 일할 수 있게 됐고 그 이후에 늘린 재산에 대해선 번갈아가며 명의를 등록했는데 알짜배기는 남편이 갖도록 제가 양보도 했거든요."

농사꾼의 아내라는 보조자가 아니라 공동으로 밭을 일구는 동업자로 두 부부는 서로를 인정하고 있었다. 부모의 태도를 보고 자란 두 아들과 며느리들도 독립적이고 주체적인 태도로 가족관계, 부부관계를 유지해갔다. 김현숙 씨는 자녀의 결혼 후에 일부 농토를 며느리 이름으로 등록시켰다. 며느리도 집안의 보조자나 부모의 농장을 이어받은 농사꾼의 아내로 살게 하고 싶지 않았다. 며느리 역시 30년 전 자기처럼 농촌에서의 삶을 선택한 한 여자이기에 며느리 스스로 자기 땅에 대한 애착과 자부심 그리고 책임을 갖게 하는 것이 당연했다. 이 파격적인 정책에 사돈 부모들은 입을 다물지 못했다고 한다. "아니 결혼한 지 얼마나 됐다고, 며느리를 어떻게 믿고 그러십니까?'

강원 최초의 여성 인공수정사
끊임없는 노력으로 '소 아줌마' 라는 별명 얻어

한편 그녀는 강원도 여성 최초로 가축 인공수정사 자격증도 땄다. 번식학, 출산학 교육을 받는 1백 3십여 명의 교육생 중 여자는 김현숙 씨 혼자였다. 가축 인공수정은 인공수정사가 족보가 있는 품질 좋은 수소의 정자를 받아 직접 암소의 자궁에 넣어 이뤄진다. 처음 인공수정사를 시작하자 동네 사람들은 수군대기도 했다. 멀쩡한 여자가 여기저기 남의 집 소 궁둥이에 손을 쑥 넣고 무슨 낯 뜨거운 짓이냐고도 했다. 하지만 축산 농가의 가장 중요한 재산 목록 1호인 소에 관한 일이었고, 앞장서 소 임신감정을 해 주는 김현숙 씨의 노력에 마을사람들도 감탄을 아끼지 않게 되었다. '소 아줌마' 라는 별명도 얻었다.

"농가에서 올해 우리 소가 새끼를 뺐는지는 가장 중요한 정보거든요. 저도 소를 만지면서 소의 건강상태나 임신 여부를 알 수 있게 되었지요."

오랜 축산 경험만으로 부정확한 정보를 믿고 있는 사람도 많았다.

"매년 우리 소가 새끼를 한 마리씩 낳아줬거든. 올해도 꼭 낳을 거야."

"할아버지, 올해는 이 소가 새끼를 안 가진 것 같아요."

초창기엔 이런 정보를 전하는 날에는 불호령이 떨어지기 일쑤였다.

"새파란 여자가 어디 남의 집 소(재산)에 이러쿵저러쿵 말이 많아! 네가 소를 알긴 뭘 알아!"

하지만 부정확한 정보나 막연한 믿음만으로 다음 해 농가가 예상치 않은 타격을 입어선 안 되는 일이었다. 온갖 비난과 수군거림을 감수하고 김현숙 씨는 인공수정사로서의 역할을 해 나갔다. 농가 소에 문제가 생기면 수의사보다도 김현숙 씨를 먼저 찾는 주민들도 많아졌다.

현재 〈제일농장〉은 매년 2백 마리의 한우를 키우고 있다. 한 마리 한 마리에게 이름을 붙여주며 쏟는 정성은 지극하다. 5살이 되면 내보내는데 성장이 늦거나 유난히 허약해 7~8년을 함께 지내다 내보내는 경우엔 잘 커줘서 고마운 마음에 떠나보낼 때 눈시울이 붉어지기도 한다. 요즘 가장 애착이 가는 소는 '미남이' 다. 암소이지만 얼굴이 늠름하게 잘 생겼다고 붙여준 이름이다. 유난히 김현숙 씨를 따르는 미남이는 '엄마' 가 건초와 사료를 주러 농장에 들어오면 가장 먼저 다가오는 녀석이다. 김현숙 씨도 미남이를 제일 먼저 만나고 싶어 농장 입구와 가장 가까운 축사에 미남이의 거처를 마련해 주었다.

농사 초기 정책 실패로 당시로선 천문학적인 빚을 졌던 김현숙 씨. 농산물과 축산물 수입이 밀려들고 정책은 불안정하고 농사짓기는 점점 더 어려워진다며 농민들의 시름은 깊어지는데 현재도 김현숙 씨와 같은 농업 분야의 새로운 도전과 성공이 가능할까?

"전 된다고 봐요. 아직 가능성은 많이 있습니다."

자신 있게 말한 김현숙 씨는 몇 가지 아이디어도 귀띔해 주었다.

"고산 지대에서 화훼 농업을 한다면 서늘한 기후에 더 잘 자라는 독특한 화훼가 나오지 않겠어요? 건강 식품에 대한 관심이 높아지고 있으니 고랭지 지역에 배추 대신 약초를 심을 수도 있겠지요. 또 토마토 등의 야채가 요즘처럼 웰빙 열풍으로 새롭게 주목받을 줄 얼마 전까지만 해도 생각 못했잖아요? 새로운 분야를 개척하려는 의지가 있는 사람에겐 반드시 기회가 옵니다."

다른 농민들이 관심 갖지 않는 분야를 찾아내 안목을 가지고 연구, 투자한다면 불모지 같은 분야에 성공이 기다리고 있다는 것이다.

"간혹 저희 농장에도 귀농을 희망하는 사람들이 농장 체험하고 돌아가는 경우가 있습니다. 뼛속까지 농촌 사람이 될 수 있는지 스스로에게 물어보세요. 인격까지도 농촌 사람이 되었을 때 귀농인과 농민들도 서로 동등하게 정보를 공유하는 관계가 될 수 있을 것입니다. 농촌엔 젊은 사람들의 역할이 아주 많이 필요하지요."

지난 5월 지방자치 선거에서 김현숙 씨는 지역주민들의 지지로 정선군의원으로 당선되었다. 출마를 망설이던 차에 시부모님, 아들 내외를 모아놓고 가족회의를 열었는데 가족들이 강력하게 설득해 출마를 결심하게 되었다. "직접 농사를 지었고 농사의 문제나 지역문

제를 알고 있는 사람이 정치를 하면 주민들의 삶에 직접적인 혜택이 돌아올 것"이라는 게 아들의 격려였다. "어머니의 농장 경영과 살림 능력은 누구나 칭찬하니 의회에 가서도 꼭 그만큼만 하면 될 것"이라는 며느리의 격려도 있었다. 남편 전주영 씨는 정선 농협 조합장을 병행하면서 농사일과 가사일을 적극적으로 도와주며 외조했다.

지역 토박이 여성농업인이 군의원으로 당선된 것은 큰 의미를 갖는다. 김현숙 씨는 농사를 지었기에 현재 농민들의 고민을 알고 있다. 문제 사안이 터지면 의회에 대책회의를 주도하고 고산 지역의 수도 공사를 직접 주선하며 정선에 사는 외국인 새댁들의 한국 정착도 돕는다. 이웃들이 자기 집 소의 임신 여부가 알고 싶어 김현숙 씨를 불렀듯이 이제는 올해 농사 결과와 농업 정책을 알고 싶어 김현숙 씨를 찾는다. 정선군 남면의 인공수정사가 정선군의회의 정책 조정자로 활동을 이어가고 있는 셈이다.

농민이 일구는 땅이 곧 무릉도원
농사는 예술, 혼신을 다해 자기만의 세계로 일구는 것

숲과 물이 맑고 눈이 많은 오지 마을 정선은 최근 카지노로 더 유명해졌다. 카지노가 들어 선 덕에 지역 인프라가 구축되고 일부 지역 농토가 값이 오르긴 했지만, 모텔과 전당포, 전당 맡긴 고급차가 늘어 선 불야성의 정선이 농민들의 삶을 개척해 주는 것은 아닐 터. 정선의 땅을 가능성의 땅으로 만드는 건 카지노 산업이 아니라 김현숙 씨와 같이 불모지에서 가능성을 만들어 낸 농민들의 땀이다.

"농사는 예술과도 같아요. 혼신을 다해 자기 작품을 만들 듯 자기만의 세계를 일구는 것이니까요."

김현숙 씨는 삶의 철학을 가지고 주체적이고 적극적으로 자신의 삶의 현장을 만들어냈고 또 성공했다. 자신의 땅을 가꾸며 산과 물 이외에 아무것도 없는 곳을 싱싱한 배추와 건강한 소들이 자라는 땅으로 만들었다. 이제는 농가에 좌절을 안겨다 주던 제도를 바꾸기 위해 정책을 만드는 곳에서도 땅을 위한 새로운 가능성을 만들려 한다. 그녀가 땅을 일궜던

동네 이름은 정선군 남면 '무릉리'. 그녀와 같은 여성농업인들이 만들어 가려는 새로운
세계가 곧 농업의 무릉도원이리라.

김현숙 대표 성공 4계명

첫 번째 가장 가까운 사람들에게 인정받는 사람이 되어라
가장 가까운 가족과 이웃에게 삶의 태도나 경영
방식을 인정받고 있는가? 그들의 평가를 농사의
성공 지표로 삼아라.

두 번째 한 우물을 파라
떠돌듯 이직이 가능한 업이 아니므로 농사는 어
쩔 수 없는 평생직장. 한 우물을 파는 마음으로 승
부를 걸어라.

세 번째 실패는 반면교사(反面敎師) 재기는 현장교사
몇 차례의 실패는 농사꾼이라면 누구나 경험한
다. 실패와 재기를 반복할 때마다 성공에 가까워
지고 있음을 잊지 말 것.

네 번째 경운기 시동 걸듯 처음의 고비를 넘어라
경운기를 다뤄보지 않은 사람은 시동 거는 것이
가장 어렵다지만 시동이 걸린 후엔 운전자 마음
대로 움직인다. 농사도 처음의 고비를 넘어서야
시동이 걸린다.

30년 농사라 해도 서른 번 받는 성적표일 뿐

30년 농사를 지었지만 서른 번 지었을 뿐이라고 생각한다. 한 해 농사는 수확기에 단 한 번 성적표를 받는 활동. 5년 이상 키운 소를 내보내는 축산의 경우 결과는 5년에 한 번뿐이다. 농사는 단순히 밥 짓듯 '짓는' 게 아니라 프로의식을 갖고 만들어 내는 예술 활동 같은 것. 농사는 천지인의 합작이라 표현할 수 있는데 노력한 만큼 성적이 오르듯 최선을 다했을 때 하늘은 격려를 더불인 성적표를 건네준다.

여성농업인 희망만들기 프로젝트 5

정책과정, 여성비율을 높여라
마을협의회 남녀공동대표 유도, 역량 향상시킬 교육기회 제공을

'여성농업인은 농촌의 새로운 성장 동력이다.' 여성농업인의 경제적 활동을 지원하고 생산성을 높이는 일은 이제 국가적 요구사항이다. 그리고 이를 위해 정책 과정에 여성농업인의 목소리를 담아내기 위한 노력들이 계속되고 있다. 정부는 현 농림부 소관 각종 위원회의 여성위촉비율을 38%에서 내년 40%로 확대하고, 지방자치단체 농정관리위원회 여성위촉비율을 32%에서 34%로, 특히 여성위원 중 여성농업인을 50% 이상 위촉하도록 유도할 방침을 정해놓은 상태다.

이 같은 내용을 담은 정부의 '2차 여성농업인정책'은 이 외에도 ▶농촌마을 종합개발사업과 녹색농촌 체험마을사업에 여성참여 확대 ▶시·도 여성농업인협의회 운영 등을 내용으로 하는 '여성농업인 정책결정과정 참여 확대' 방안이 담겨 있다.

특히 올해부터 '마을개발 협의회'에 참여하는 주민대표는 '남녀공동대표제'를 도입하도록 유도한다는 방침이다. 마을 협정 체결 시 여성참여비율은 15% 이상, 마을심사위원회 구성 시 여성전문가 비율을 10% 이상 유지하도록 하는 등 폭넓은 정책을 마련·시행 중이다.

(사)한국여성농업인중앙연합회 김성아 사무총장은 "정책과정에 여성농업인 참여비율을 높이는 것은 매우 중요하지만, 여성농업인 대표들의 역량을 향상시키기 위한 교육기회를 제공하는데도 관심을 가져야 한다"고 제안한다. 여성농업인들의 현실을 정책에 담아내기 위해서는 농정에 대한 폭넓은 이해와 전문성을 담보해야 하기 때문이다. 김 총장은 또 "대부분의 정책이 지자체에서 시행되는데 여성농업인담당 인력도 없는 곳이 수두룩하다"며 "정부의 지원정책의 내용이 제대로 된 효과를 발휘하기 위해 인적 인프라를 갖추는 일이 시급하다"고 강조한다.

김희자 대표 | 1985년 표고버섯 재배 시작, 2005년 성균관대 농업인최고경영자 정보화 과정 수료, 현 경기도 G마크 연합사업단 이사
요나목장 | 5천 평, 시설하우스 35동, 2003년 친환경농산물(무농약농산물) 인증, 2003년 경기G마크 통합브랜드 인증, 2005년 ISO9001:2000 인증

김 희 자 요 나 농 산 대 표

농업의 보람은 소비자와
신뢰를 나누는 것

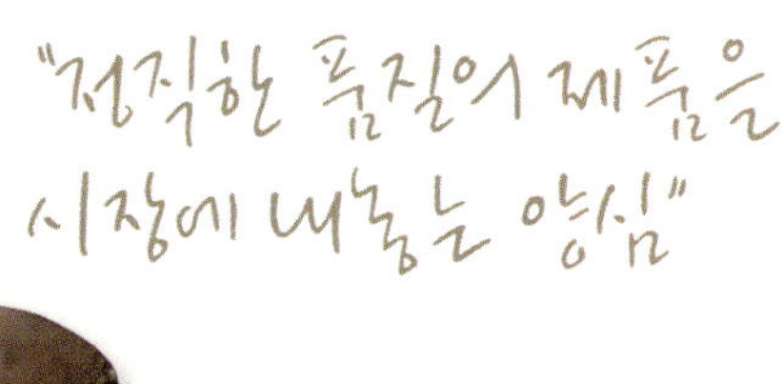

"귀농한 지 21년 쯤 되니 남들이 성공했다고 하지만 처음 고향에 내려왔을 때는 실패자란 꼬리표를 달고 다녔답니다."

산이 아름답고 물이 많아 천혜의 자연환경을 갖춘 경기도 가평에 위치한 〈요나농산〉. 이곳의 주인장 김희자 대표는 무농약 표고버섯 생산, 자연 햇볕 아래서 건조시킨 슬라이스 표고버섯인 해표고, 표고버섯분말 등 '표고버섯' 한 가지 품목으로 지금의 5천 평 농장을 일군 억척 여성농업인이다.

'내가 키운 표고버섯은 절대 헐값에 팔지 않는다' 는 원칙을 지키느라 값이 떨어질라치면 도매시장에 내놓았던 버섯을 도로 싣고 오는 오기와 자존심은 그동안 김 대표가 이룬 '성공' 의 비밀이 무엇인지를 알 수 있게 하는 대목이다.

최근 버섯강정, 표고버섯 음식 프랜차이즈 개발, 표고버섯 반찬 메뉴 개발 등 새로운 사업 구상에 빠져있는 김 대표는 "도전하고 연구하고 포기하지 않으면 '미래' 의 성공은 현실이 된다"고 말한다.

서울 유학생 귀향에 '실패자' 낙인 찍혀
마을 구판장 일 보며 '표고버섯' 재배 마음 굳혀

1985년 김 대표는 사업이 어려워지면서 건강까지 나빠진 서울토박이 남편과 함께 요양차 고향으로 내려왔다. 마침 '원예공부' 에 빠져있던 남편과 '꽃이나 키우며 농촌생활에 적응해보자' 하는 맘이 전부였다.

"고향에 오니 이웃들의 눈빛이 그다지 따뜻하지는 않았어요. 당시 서울에서 유학까지 한 사람이 남편과 낙향했다면 그건 바로 '실패자' 를 의미하는 것이었으니까요."

명절에 고향을 찾은 동창들의 눈 속에서 '안됐다' 는 메시지를 발견했을 때 그는 결심했다. "성공하기 전에는 고향을 떠나지 않겠다"고.

당시 마을에는 '구판장' 이 있었다. 그때까지도 농촌에는 전화와 TV 보급이 많지 않았기 때문에 구판장은 급한 전화를 바꿔주거나, 각종 공지사항을 확성기를 통해 '방송' 해주는 역할을 담당하고 있었다. 마침 마을 이장님이 김 대표에게 "서울에서 공부한 사람이 더 잘할 것"이라며 마을 구판장 운영을 권했다. 구판장에서 일하면 마을 사람들을 다 만나야 하니 위축된 마음에 처음엔 거절했지만, 결국 일을 맡기로 했다.

이곳에서 일하면서 김 대표는 시골의 생리를 파악하고, 주민들과 자연스럽게 사귈 수 있게 되었다. 무엇보다 직접 농사를 짓지 않으면서도 농사의 '알짜정보'를 가장 먼저 접하는 '특권'도 누릴 수 있었다. 이때 그는 '표고버섯' 재배를 결심했다. 표고버섯은 상품성도 뛰어나지만 재배하는 데 넓은 땅이 필요하지 않고, 주변에 산이 많아 원료(나무) 확보에 어려움이 없으며, 전 국민이 다 알고 있는 맑고 깨끗한 이미지의 '가평'이 판매에 도움이 될 것으로 믿었기 때문이다. 그리고 1년 동안 사업계획을 세우면서 이왕이면 '무농약'으로 표고버섯을 재배해보기로 마음먹었다.

품질에 쏟은 정성만큼 헐값에는 안 판다
힘든 육체노동도 직접 몸으로 부딪치며 일꾼들 휘어잡아

땅 한 평 가진 것 없이 남의 토지를 빌려 표고버섯 재배를 시작했지만, 그 후 10년간 수익은 없었다. 돈이 생기면 생활비를 제외하고 모두 투자로 들어갔다.

"남의 땅에서 농사를 지으려니 억울하고 힘든 일이 한두 번이 아니었어요. 기껏 시설투자를 해놓으면 땅주인이 '나가라'거나 '옮겨 달라'고 말하곤 했죠."

이렇게 옮겨 다닌 것만 수차례이고, 경험이 없어 덥석 불리한 계약을 한 것도 여러 번이다.

"지역에서 표고버섯을 키우던 분이 더 이상 농사를 짓지 않겠다며 참나무 2만 본(표고버섯 재배용 나무)을 인수할 것을 제의했는데 좋은 기회라고 생각해 계약했죠. 그런데 알고 보니 그 2만 본이 모두 산꼭대기에 있더라구요."

일손을 구할 수도 없는 처지라 남편과 둘이 2만 본의 나무를 농장으로 옮겨야 했다.

농사란 게 자본금 없이 처음 자리 잡을 때까지는 남자의 '힘'이 많이 필요하다고 하지만

김 대표에겐 해당이 안 되는 말이었다. 운동권 출신이었던 남편에 대해 고향 사람들이 호의적이지 않았던 것이다. 그는 스스로 '내조자가 아닌 사업 파트너가 되자'고 다짐했다. 그리고 험한 육체노동 앞에서도 몸을 사리지 않았다.

표고버섯 재배에 가장 중요한 것은 바로 '참나무'를 확보하는 일. 벌채에서부터 드릴로 구멍을 뚫는 종균작업과 자신의 허리보다 굵은 참나무들을 골고루 뒤집어 주는 일도 직접 했다. 지금이야 요령으로 일한다지만 처음엔 몸 어느 곳 하나 성한 곳이 없었다. 하얀 얼굴에 체구도 작은 여성이 척척 일을 해내니 드센 남자 일꾼들도 그의 '지시'를 따르지 않을 수 없었다. 김 대표는 "농사는 입으로 하는 게 아니라 직접 뛰어야만 결과물을 손에 쥘 수 있다"는 사실을 경험을 통해 배웠다고 말한다.

수익이 나지 않자 당장 돈이 급한 마음에 '누가 뭐하니 잘 된다더라'는 말만 믿고 투자해 잃은 돈도 만만치 않다. 다행스럽게도 표고버섯은 언제나 '현금화'가 가능해 아이들 밥

굵기지 않고, 학교도 보낼 수 있었다. 그 당시엔 저온저장 시설도 없어 버섯을 따면 한 두 상자라도 그날 바로 서울에 가야만 했다. 그렇게 10년을 보내면서 농장이 어느 정도 자리가 잡히자 정부보조금을 받을 자격도 생겨 자금난을 조금은 덜 수 있었다.

"처음 버섯재배를 시작하며 남편과 '농업으로 빚 안지고 자식 대학보내자' 고 약속했는데 결국 지켰네요." 환한 얼굴에 웃음이 감돈다.

농업을 생업으로 삼으면서 가장 어려웠던 것은 농산물 가격 등락이 매우 심하다는 점이다. 고가의 농산품인 '표고버섯' 도 가격이 1관에 20~30만 원일 때도 있지만 2~3천 원까지

떨어질 때도 있다. 파는 것이 아니라 버린다는 표현이 딱 들어맞는 가격이다.

표고나무 한 토막을 뒤집는 데 드는 인건비가 2천 5백~3천 원, 드릴로 구멍 뚫는 인건비가 2천 원 정도이다. 1년에 1만 개의 나무를 관리한다면 인건비만 5천만 원이 넘는다. 그런데 나무 한 개당 수익이 나기까지 1년에서 1년 반이 걸린다. 표고버섯 하나의 가격이 절대 쌀 수 없는 이유가 바로 여기에 있다.

들쭉날쭉한 시세만 쳐다보며 농사를 지을 수 없었던 김 대표는 12년 전 남편과 함께 일본에 가 '표고버섯 가공법' 을 배워왔다.

"당시 우리나라는 생 표고 아니면 말린 표고가 전부였는데 일본에서는 '슬라이스 가공'

으로 상품가치를 높이더라구요."

그의 판단대로 〈요나농산〉의 '슬라이스 표고버섯' 은 효자상품이 되었다. 이후 천연 햇볕에서 말린 표고버섯인 '해표고' 를 브랜드로 출시했다. 표고버섯은 식품이지만 약용효과가 뛰어나며, 특히 햇볕에서 말릴 때 효과가 더 커지는 특징이 있다. 〈요나농산〉 단골고객중에 입소문을 듣고 찾아 온 암환자 가족들이 많은 것도 바로 이런 이유 때문이다.

김 대표는 제품의 브랜드 가치를 높이기 위해 '무농약 인증' 을 비롯해 해외수출을 위해 ISO인증도 받았다. 특히 경기도지사가 품질을 인증하는 'G마크' 는 도내 표고버섯 농가로

는 〈요나농산〉 이 유일하게 획득했다.

"제 표고버섯이 항상 최상품일 수는 없어요. 농산물이란 재배자의 정성 외에도 기후, 자연환경이 잘 어우러져야 하니까요. 하지만 주부의 마음으로 '언제 어디서 먹더라도 깨끗한 식품' 을 만든다고 자부합니다."

그는 버섯을 출하할 때 두 가지 원칙을 지키고 있다. 첫째는 '저급 상품은 폐기한다' 둘째, '재고를 만들지 않는다' 는 것이다. 그의 제품에 대한 자존심은 서울 가락시장의 도매상인들 사이에서도 유명하다. 일정 수매가 이하로 값이 떨어지면 서울까지 트럭을 몰고올라가 다시 가져가는 그의 고집도 놀랍지만, 그만큼 정직한 품질의 제품을 시장에 내놓

는 양심을 가지고 있기 때문이다.

"애써 재배한 표고버섯을 값싸게 팔지 않기 위해서는 제품관리가 중요합니다. 아깝지만 불량 상품을 유통시켜 요나농산 브랜드 이미지를 망칠 순 없죠."

그러나 거대 도매시장에 기대지 않고 노력한 만큼 적정한 수익을 유지하기 위해선 다른 유통망이 필요했고, 그는 생산량의 70%를 전자상거래와 직접 판매로 소화한다.

물론 직접 판매를 할 때에도 그의 노력은 계속된다. 예를 들어 말리는 과정에 색깔이 이상해지면 그는 이유를 설명한 쪽지를 하나 넣어 보내는데, 고객들은 그의 설명을 100% 믿는다. '신뢰'를 통한 직거래는 단지 '수익증대'가 아닌 그에게 농사짓는 사람으로서 보람까지 느끼게 해준다.

그는 농장 한 켠에 예쁜 정자를 만들었다. 고객들이 고기를 사가지고 와서 직접 요리를 해 먹을 수 있도록 배려한 것이다.

"처음에는 여기 표고는 왜 이렇게 비싸냐고 묻던 사람들이 이제는 '이 가격으로 팔아도 되냐'며 걱정도 하고 선물을 들고 찾아오기도 한다"며 자랑하는 그의 눈에 눈물이 살짝 고인다.

기술 전수해 줄 후계자 없어 고민
최소한의 귀농지원 정부가 배려해야

그의 요즘 고민은 '후계자'를 키울 수 없다는 것이다. 얼마 전 서울의 모 대기업에 다니던 사람이 버섯재배를 배우겠다며 그를 찾아왔다. 1년 넘게 귀농을 준비했다는 그는 각오도 대단했다. 평소 '배우겠다는 사람이 있다면 기술을 전수해주고 함께 농장을 경영하고 싶다'고 생각해왔던 김 대표는 그를 농장에 머물도록 했다. 그러나 그는 1년도 지나지 않아 '힘들다'며 결국 포기를 선언했다.

그 사람은 "명문대를 졸업하고 대기업 부장까지 지냈지만 농사만큼 어려운 것이 없다"며

"정해진 규칙이 없으니 어떻게 적응해야할지 모르겠다"고 말하더란다.

"농사는 창의적인 일입니다. 매년 같은 일을 해도 매년 다른 문제를 만나게 되니 정해진 매뉴얼이 있을 수 없어요. 생산에서 제품 디자인, 유통, 판매 그리고 회계업무에서 고객관리까지 한 마디로 '종합예술가'가 되어야 합니다."

'귀농사이트'를 통해 직원을 채용하는 공고를 낸 후 20~30대 대졸 출신자들도 여러 명 있었지만 아직 소득은 없다. 그래도 그의 '후계자 찾기' 노력은 아직 진행형이다. 대부분 농가가 그렇듯 가족경영체제로 갈 법도 하지만 김 대표는 "남편과 아이들 각자 하고 싶은 일을 하기를 바란다"며 "배우고자 하는 사람에게 기술을 전하고 싶다"는 뜻을 다시 한 번 밝혔다.

일꾼을 구하는 것도 해마다 힘들어지고 있다. 레저타운으로 유명한 가평에는 스키장, 콘도, 유원지가 많고 그만큼 일자리도 많다. 게다가 최근에는 땅값이 치솟으면서 젊은 청년들은 모두 읍내의 '부동산 중개소'에 몰려있다고 해도 과언이 아니다. 이런 현실을 마주할 때마다 평생을 흙에 바친 농업인으로서 김 대표의 마음은 무겁기만 하다.

그는 정부의 귀농지원이 보다 현실적이었으면 하는 바람을 갖고 있다. 귀농 농민의 성공사례가 많은 이유는 내려오는 농법을 답습하는 것이 아니라 성공하겠다는 의지로 새로운 것에 도전하고 연구하기 때문이다. 김 대표는 "귀농인이 처음 정착할 때 최소한의 뒷받침을 해줄 것"을 요구한다. 예를 들어 농사에 필요한 농기계 지원 정도는 필수적이라고 할 수 있다.

김 대표는 매일 농장으로 출퇴근을 한다.

"워낙 한 가지에 몰두하는 성격인지라 일터와 가정을 분리하지 않으면 그나마 가정을 돌보지 않을 것 같아서 일부러 농장에 집을 짓지 않았다"는 그는 매일 꾸준하게 할 일을 나눠하는 방식으로 일손 부족을 해결하고 있다.

대부분 농가가 그렇듯 명절은 1년 매출의 대부분이 결정되는 시기다. 특히 표고버섯은 명절 선물용 단골상품인지라 김 대표는 지난 추석을 무척 기대했었다. 그러나 예상은 빗나갔다. 김 대표는 "명절 선물 문화가 완전히 변했어요. 기업이나 공공기관에서도 직원이나 거래처 선물용으로 이제 '농산품'이 아닌 '상품권'을 선호하니까요"라며 씁쓸한 마음을

내비쳤다. 그러나 변해버린 세태를 섭섭해 하고 있을 수만은 없으니 이제 적극적으로 마케팅 전략을 바꿔야 할 때임은 분명하다.

농산물 마케팅 전략으로 적극 활용되는 '브랜드화' 에 대해 김 대표는 쓴소리를 던진다. 지자체마다 내놓은 '브랜드' 가 너무 많다는 것. 하나의 제품에 지자체 브랜드, 농협마크, 갖가지 인증표, 농가 브랜드까지 붙이니 소비자의 변별력은 오히려 떨어지고 있는 것이 사실이다.

김 대표는 "유통은 양심" 이라고 말한다. 친환경 농산물을 재배해도 소비자에게 전달되기 어려운 현실을 두고 하는 말이다. 유통에서 '농간' 이 일어나면 농가도 소비자도 손해 볼 수밖에 없다. 그는 "지자체에서 브랜드만 내놓지 말고 관리에 노력을 쏟아야만 진정한 '브랜드 전략' 이 가능하다"고 거듭 강조했다.

도시에 살든 농촌에 살든 중요한 건 부모의 관심
사교육 없이 아이들 대학 진학… 건전한 사고, 독립심 커 만족

김 대표는 "딸 둘 모두 서울에 있는 대학에 진학했으니 만족한다" 는 말로 농촌에서 아이들 키우는 것에 대한 의견을 대신했다.

사교육이 힘든 것은 농촌의 현실이다. 그러나 꼭 사교육이 중요한 것은 아니다. 김 대표가 농촌살이를 시작하며 세운 "꼭 성공하겠다" 는 목표 안에는 자식농사도 포함되어 있었다. "아이들이 고등학생이 되면서 교육에 관심이 많은 이웃 부모 5명이 뭉쳤어요. 교장선생님을 찾아가 보충수업을 해달라고 졸랐죠. 돈은 못 드리지만 저녁 도시락과 간식 그리고 교재비를 책임지겠다고 했어요."

학교에서는 학부모들의 요구를 받아들여 보충수업을 해줬고, 5명 아이들 모두 서울에 있는 대학에 진학했다. 전교생 2개 반이 전부인 학교이지만 이후 '우수반' 이란 걸 만들어 집중적으로 보충학습을 해줘 이곳 아이들 대학진학률이 높은 편이다.

"무엇보다 아이들 생각이 건전하고 독립심이 강한 것이 가장 자랑스럽다" 는 김 대표는 아

이들과의 대화를 가장 중요한 교육이라고 생각한다. 그는 매주 목요일이면 아무리 바빠도 초등학교 6학년생인 늦둥이 아들을 직접 읍내의 '과학교실'에 데려다 준다. 차안에서 잠깐씩 대화를 나누는 시간을 아들은 그만큼 좋아한다. 김 대표는 "도시에 살든 농촌에 살든 부모의 관심만 있다면 아이들은 잘 자란다"는 것을 굳게 믿고 있다.

김희자 대표 성공 4계명

첫 번째 앞선 작물을 재배하라

남이 성공했다는 작물을 따라서 시작하면 그건 이미 늦은 것이다. 시장을 앞서가야 한다. 농산물도 새로운 상품을 개발하는 마케팅 전략이 필요하다.

두 번째 한 우물을 파라

20년 농사를 지으니 스스로 전문가라고 부를 수 있게 됐다. 이것저것 옮겨 다니지 말고 한 가지에 매달려라. 그럼 성공한다.

세 번째 양심을 파는 것이 농업이다

작은 이익을 위해 소비자를 속이면 안 된다. 보이지 않는 고객에 대한 최소한의 의무감을 지녀야 한다.

네 번째 원칙을 지켜라

자신과 한 약속을 지켜야 한다. 정해진 룰이 없는 농업에서 길을 잃지 않고 초지일관하는 방법은 자신과 한 약속, 즉 '원칙'을 지키는 것이다.

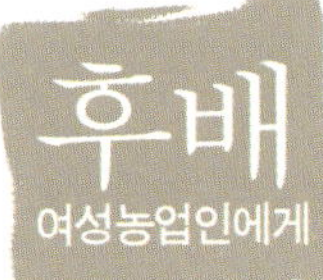

돈보다 사명감이 있어야 귀농에 성공

농업은 여성이 센스가 빛을 발휘할 수 있는 분야이며, 인간으로서 가치를 느낄 수 있는 몇 안 되는 직업 중 하나라고 자부한다. 많은 여성들이 '문화적 소외'를 걱정하지만 농촌은 더 이상 문화적으로 소외지역이라고 할 수 없다. 농촌 소도시의 문화적 환경이 많이 변했고 인터넷 보급, KTX 등 교통발달로 서울도 그리 먼 거리가 아니기 때문에 부지런하기만 하면 누릴 수 있는 것들이 많다. 큰돈을 벌기는 어렵지만 작은 기술로 봉사할 곳도 많고 능력을 인정받기도 쉽다. 그러나 귀농으로 성공하고자 한다면 '돈' 보다는 '사명감'이 필요한 것이 농업임을 잊지 말아야 한다. 사명감과 애정이 없다면 문제에 봉착했을 때 '포기'라는 카드를 쓰게 되기 때문이다.

여성농업인 희망만들기 프로젝트 6

여성농업인센터 지원
보육, 고충상담 모임, 복합문화시설로 자리 잡다
– 2008년까지 163개소로 늘릴 계획, 지자체 의지가 큰 영향

여성농업인들의 권익증진, 삶의 질 향상 욕구 역시 증대하고 있다. 그러나 여성농업인을 위한 사회문화 교육시설과 프로그램은 현저히 부족한 것이 현실.

정부가 지난 2001년부터 운영 · 지원하고 있는 여성농업인센터는 ▶여성농업인의 고충상담 ▶영유아 보육 ▶방과 후 자녀 학습지도 등 복합 복지기능을 수행한다. 이 외에도 여성농업인을 위한 모임, 배움, 나눔의 장을 마련해 지역의 실정에 맞는 프로그램을 운영하고 있다.

여성농업인센터사업은 2005년부터 지방자치단체 사업으로 전환되었으며, 정부는 2008년까지 전국 시 · 군당 1개소에 해당하는 163개소를 지원할 방침이다.

하지만 현장 센터 종사자들은 당장 센터 수를 늘리는 것보다 여성농업인센터의 전문성 제고 및 예산 지원이 더 시급하다는 의견을 보이고 있다. 이에 농림부 여성정책과 이성주 사무관은 "여성농업인센터의 사업이 지방으로 이양된 만큼 지자체의 의지가 가장 중요한 변수"라며 "지역 주민들의 '센터의 필요성'에 대한 공감도 수반되어야 한다' 면서 여성농업인센터의 확충을 위한 예산확보 및 운영지침 개선 등 지자체와의 협조체제를 강화해 나가겠다" 고 말했다.

한편, 여성농업인단체들도 전문교육 및 상담 프로그램을 마련하고 있다. 한국여성농업인중앙연합회(한여농), 전국여성농민회총연합(전여농), 생활개선중앙회, 농가주부모임전국연합회 등은 매년 정기교육 및 다양한 프로그램을 정부의 지원을 받아 개설한다.

한여농 관계자는 "비즈니스 아카데미, 친환경 농업, 농촌관광교육 등이 인기가 높다" 며 "단체 위주의 참가가 대부분이지만 개인적인 참가도 가능하다" 고 말했다. 문의 농림부 여성정책과 (02-500-1605)

박득자 대표 ┊ 1998년 보림산업 공동대표 2003, 2006년 경상남도 농업벤처 재무이사, 2006년 경남 농업인 CEO 경남대표, 2006년 올지앤택 대표.
보림산업&올지앤택 ┊ 2001 WTO 신기술 21세기 농업모델벤처(경상남도 도지사 표창), 2002 ISO 9001-2000 국제품질인증 획득. 환경모범기업 지정. KT&G 대나무 활성탄 에세순 담배 필터용 납품. 연간 100억 원 매출.
박 득 자 올 지 앤 택 대 표
박득자

농촌의 차별화가 농촌의 미래

남강이 동서로 누워있는 진주시. 대나무 숯으로 이른바 '전국유명스타'가 된 박득자 〈을지앤택〉 대표를 만나기로 한 진주역으로 가는 길. 차창 밖으로 보이는 남강이 시원하기만 하다. 경남 진주 작은 마을에서 대나무로 숯을 구워야겠다는 아이디어 하나로 상품화를 도모해, 100억 원대 매출규모를 올린 CEO 박 대표를 만났다.

시커먼 숯가루 마시며 '대나무 숯' 전도
조상의 지혜를 산업화 한 세련된 외모의 숯 공장주인, 방문객 놀라게 해

어라~ 짐을 풀고 대나무 숯 공장 사무실 안으로 들어가서 첫인사를 나누기 전 무의식적으로 나온 소리다. 여느 농민의 모습은 온데간데없다. 사실 서울에서 전화통화를 했을 때엔, 사투리가 적당히 섞여있는 박 대표의 말투로 미루어 전형적인 여성농업인의 이미지를 상상했었다. 그러나 박 대표의 모습은 예상과는 크게 어긋났다. 세련된 화장과 보랏빛 정장에 눈부신 액세서리. 그야말로 크게 성공한 여성기업인의 모습이었다. 한눈에 그냥 그렇게 성공한 여성농업인이라기보다는, 농업분야를 최첨단 미래 산업으로 발전시킨 사업가라는 것을 짐작할 수 있다. 세련된 외양을 지닌 그가 대나무 숯을 세련화시킨 셈이다.

간단한 통성명을 한 뒤, 박 씨는 '대나무 숯 전도사'로 돌변했다. 그는 갑자기 석탄가루처럼 생긴 시커먼 가루 한 숟가락을 입에 넣고, 물을 먹었다. 첫인상으로 한 번 놀래키더니, 두 번째 돌발 행동(?)으로 또 한 번 놀래킨다. 취재팀 일행은 모두 석탄가루와 같은 시커먼 가루를 한입에 삼킨 박 대표를 눈이 휘둥그레져 쳐다보았다. 그제서야 박 대표는 '대나무 숯 예찬론'을 시작했다.

"숯은 참나무와 대나무로 만드는데, 참나무로 만든 숯은 구하기가 어려운 점이 있습니다. 게다가 참나무는 벌목을 하면 산림훼손이 많이 됩니다. 그러나 대나무는 빨리 자라기 때문에 산림훼손이 적습니다."

예부터 대나무는 얽힘 없는 수직으로 서있는 그 모양새로, 지조와 절개의 '메타포'로 사용되었다. 선인들은 대나무를 '겨울의 군자'라고 늘 가까이 두려고 했다.

"60~70년대는 죽제품이 소비재로 많이 활용되었지요. 대나무 소쿠리, 바구니 등 그 쓰임새가 많습니다. 대나무는 한 그루를 베면 밑둥은 밥을 짓는데 쓰고, 남은 부분은 대나무 숯을 굽고, 잎은 분말로 차나 냉면을 만들어 먹습니다. 버릴 것이 하나도 없는 것이 바로 대나무입니다."

죽제품을 소비재로 사용하던 우리의 일상은 어느덧 플라스틱 소재의 물품으로 구석구석이 채워졌다. 게다가 활용이 적어진 죽제품마저 중국에서 수입하고 있어 우리나라 죽제품은 계속해서 설 자리를 잃어가고 있었다. 우리나라 죽제품 시장에 불어 닥친 위기에, 태풍의 눈처럼 등장한 '대나무 숯'.

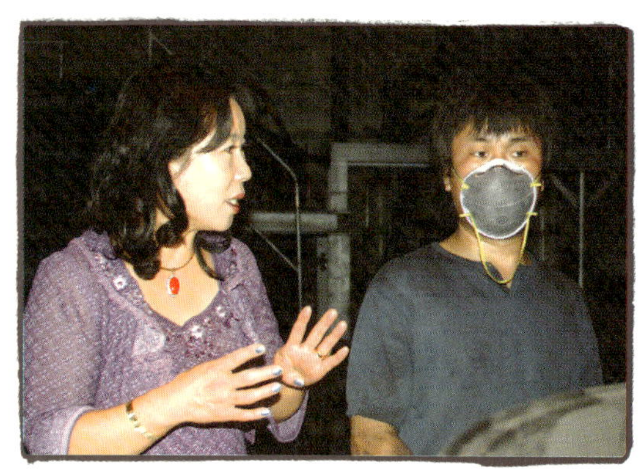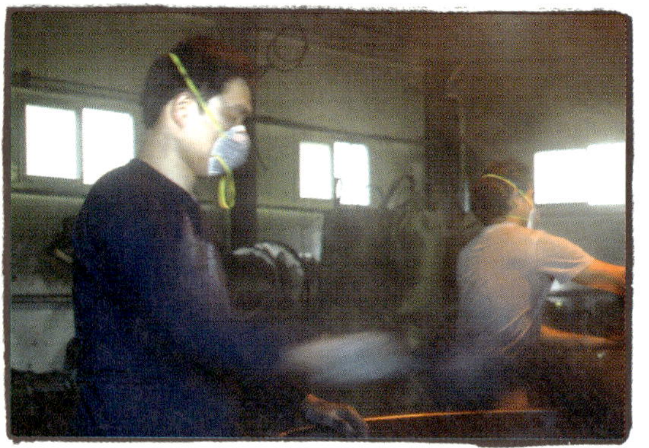

진주 산업대를 다니던 남편을 만난 게 박 씨의 운명을 바꿔 놓았다. 불황이던 대나무 시장의 활로를 뚫기 위해, 박 씨와 그의 남편이 고민하기 시작한 것은 대나무를 활용하는 방법이었다.

"1996년도에 드디어 대나무 숯을 개발했어요. 경남 남부 임업 시험장에서 대밭을 먼저 만들고, 연구를 시작했습니다. 저는 대밭 하나로 자식들을 대학까지 다 보냈어요."

처음에 임업 시험장에 무엇을 만들까 고민하는데, 대나무를 구워서 숯을 제조하는 공장을 해보자며 남편이 의견을 냈다. 주변 사람들의 반응은 예상대로 썰렁했다. 대나무를 구워서 숯을 만들다니… 대나무 숯 연구에 착수하기 위해서 경남 임업 시험장에 연구개발에 필요한 서류를 세 번이나 보냈다.

"남편과 함께 일본에 가봤어요. 일본은 한국보다 생활이나 문화면에서 10년이나 앞서 있었어요. 원조 대나무 숯 공장에 가봤죠. 밥, 김치 등 모든 음식에 숯을 넣어서 먹더군요. 심지어 상추를 씻는 데도 숯을 활용하더라구요. 웰빙 건강제품이라며 숯을 물에 타서 먹기도 했지요."

KBS '6시 내고향' 방송 후 국내 최대 주류회사 납품

'농촌의 차별화가 농촌의 미래' 확신

처음에, 대나무 숯 개발을 위해 산골짜기에서 대나무를 태워 구었다. 이 과정에서 연기도 많이 나고 해서 주민들의 항의도 많았다. 그런 박 씨의 대나무 숯 사업의 전환점은 1998년 KBS '6시 내고향' 방송이었다. 당시엔 대나무 숯 개발이 흔치 않아서, 박득자 씨의 대나무 숯 개발 방송은 나오자마자 폭발적인 반응을 일으켰는데, 이윽고 '진로 참이슬' 본부에서 담당자가 직접 찾아왔다.

진로 참이슬 본부에서는 일본에서 2년 동안 숯을 안정적으로 공급받을 수 있는 곳을 찾았단다. 한국에 숯을 개발하는 공장이 없는 줄 알고, 일본까지 원정(?)을 간 셈이었다. KBS '6시 내고향' 방송을 본 진로 참이슬 직원들은 벅찬 가슴으로 한걸음에 박득자 대표를 찾아왔다. 그리고 그길로 바로 독점권을 갖고 '미네랄 소주' 계약을 했다. 1998년의 일이다.

숯이란 '나무를 가마에 넣어서 구은 검은 덩어리'로 재가 되기 이전의 탄소덩어리를 말한다. 숯의 까만색은 바로 숯의 주성분을 이루고 있는 탄소 성분 때문. 숯은 '신선하고 힘이 좋다'는 뜻의 순수한 우리말이다. 피라미드를 만든 고대 이집트인은 시체 보존용으로 목타르를 사용했고, 고대 중국에서 숯은 약으로 복용될 정도였다.

여기서 잠깐 박득자 대표의 '숯 예찬론'을 들어보자.

"숯은 먼저 공기를 정화시킵니다. 그러면 자연스럽게 냄새도 제거되지요. 그리고 숯은 온습도를 조절해줍니다. 더 나아가서 병원균 침입도 막아줍니다."

박 씨가 목청을 높이며 쉬지 않고 이야기하는 숯의 활용도를 요약하자면 대략 8가지가 된
다. 숯은 정수 및 공기정화 기능, 탈취기능, 원적외선 및 음이온 방사, 습도조절효과, 식물
생장 촉진, 전자파의 차단, 항균 및 해독효과, 집 먼지 진드기, 아토피 피부 등에 아주 탁월
한 효과를 지닌다. 박 씨는 이어 농촌이 살길, 그리고 미래에 대해 이렇게 이야기를 한다.
"물, 공기, 등 자연과 웰빙을 내걸면, 농민이 살길이 보입니다. 농촌의 차별화를 추구하면,
농촌의 미래는 밝습니다."
사실 성공한 사람들의 스토리에 귀를 기울여보면, 그 나름대로 공식이 있다.
첫째, 잠시간을 줄여서 일을 한다. 둘째, 모든 관심이 '일' 에만 있다. 그래서 심지어 꿈속
에서도 일한다. 셋째, 한 가지 일에 미친다.
박득자 대표의 '대나무 숯' 성공 신화도 이런 성공 공식에 정확히 들어맞는다.
"사실, 대나무 숯을 개발할 때까지, 지금도 그렇지만, 하루에 잠을 2시간 밖에 못 잤어요.
그리고 꿈속에서도 진주 특산물 행사 때 숯을 전시하며 팔았을 때 외치던 '숯이 사람을 살
립니다' 라는 말을 아직도 합니다."
그렇게 대나무 숯은 흙 속에 숨어있던 진주로 발견되어 세상에 화려한 빛을 발하기 시작

한다. 그 결과, 박 대표가 대표이사로 있는 〈을지앤택〉은 진주특산물 지정업체가 되었고, 박 씨는 여성벤처기업인, 신지식인 등 유명세를 타기 시작했다. 심지어 진주시에서 대나무 숯 매장을 그냥 차려주기도 했다. 당시 진주시 예술제 개최 기간 내내, 사람들은 대나무 숯을 전시했던 박 대표에게 이구동성으로 이렇게 말했다.

"저 여자는 숯에 미친 여자야."

박 대표는 밤에 잠꼬대를 하면서도 대나무 숯 홍보를 한다. 현재 〈을지앤택〉의 대나무 숯 연매출 규모는 100억 원 대이다. 전국여성기업인, 그리고 최고기업인으로 선정된 박득자 대표는 여기에서 만족하지 않고, 신제품 개발에 박차를 가하고 있다. 박 대표는 홍대 미대를 졸업하고, 모 대기업 디자인실에서 일하고 있던 딸을 설득해서 자신이 사장으로 있는 〈을지 앤택〉으로 스카웃을 했다. 엄마가 사장으로 있는 회사라지만, 딸은 순순히 엄마의 스카웃 제의에 응하지 않았다. 하지만 사장이자 엄마의 만고의 설득 끝에, 딸 역시 엄마의 회사를 도와야겠다는 마음으로 박득자 사장 사업에 합류를 하게 된다. 이후 대나무 숯으로 만드는 비누, 습도조절기, 방향제 등의 포장지가 미학적으로 변하기 시작했다.

박득자 대표의 대나무 숯 개발의 역사는 이렇다. 1996년 처음 경남 임업장에서 대나무 숯 개발에 성공한 뒤, 2년 뒤인 1998년에 창업을 했다. 산골짜기 토굴에서 숯을 굽던 때가 엊그제 같은 데 벌써 10년의 세월이 흐른 것이다. 그 뒤 대나무 숯 인증서를 받은 후에야 서울에 있는 백화점에 납품을 하고, 계약을 했다.

이쯤 되면, 박득자 대표는 천부적으로 타고난 사업가인 것 같다. 그러나 박 대표의 과거는 평범한 가정주부였다. 동네에서 손꼽힐 부잣집에 시집을 가서, 현모양처가 되길 요구받았다. 가사일이 본업인 주부였지만, 주부로서의 적극적인 활동을 찾아서 하는 스타일이었다. 그래서 그는 자녀들이 유치원 다닐 때는 어머니회 회장, 그리고 초등학교를 다닐 때엔 초등학교 어머니회 회장 등을 두루 거쳤다. 여성자원봉사대, 진주시 신한국당 여성부장을 하기도 했다.

박 대표를 만나보면, 그의 열정과 에너지를 전해 받을 수 있다. 매사가 적극적이며 긍정적이다. 긍정적인 성격의 단면을 보여주는 사례가 있다. 한번은 박 대표가 사기를 당한 적 있다. 돈 액수는 자그마치 1억 원. 보통 사람들이라면 사기를 당했을 때 고소를 하거나, 아

니면 분해서 며칠을 앓아 누웠을 것이다. 그러나 박 대표의 대응방식은 달랐다. 처음엔 "그래, 내 돈 떼어먹고 잘 먹고 잘 살아라." 두 번째엔 "얼마나 못난 사람이면, 내 돈을 떼어먹을까" 하며 사기를 친 사람에게 오히려 연민을 보낸다. 그래서인지, 박 대표의 자녀들도 긍정적이고 밝은 성격을 그대로 닮았단다.

화재로 공장 전체가 숯덩이로 변해
포기하지 않으면 반드시 다시 일어설 수 있다

박 대표가 대나무 숯 사업을 하면서 겪었던 최고의 고비는 2003년 4월 화재 사건이다. 경남 합천에 있는 본사 공장에 불이 나버렸던 것이다. 납품해야 하는 대나무 숯 물량이 부족해서, 밤샘작업을 하면서 숯을 굽고 바로 그날 저녁에 대나무 숯을 차에 실어서 운반을 하고 있었다. 새벽에 자고 있는데, 아침에 일어나보니 본사 공장에 불이 나서 공들여 구운 숯이며 공장 시설이며 전체가 타버렸다. 숯을 만드는 공장 자체가 숯덩이가 되어 버린 격이다. 화재 보험을 들어놓긴 했지만, 계약한 시일까지 물량을 납품해야 하는데 차질이 생겨서 피해액만 1억 원에 이르렀다. 그때도 좌절하지 않고 그 자리에서 훌훌 털고 일어났다.

화재 사건이 난 후, 박 씨가 제일 먼저 한 일은 등산화 두 켤레를 산 것이다. 납품이 지체된 물량을 확보하기 위해서였다. 박 씨 자신과 아들은 한마음으로 뭉쳐서 대나무 숯 굽기에 박차를 가했다.

무리하게 기계를 돌리며 일을 하던 중, 자동화시스템 센서가 고장나는 바람에 박 씨의 손가락이 잘라져 나간 일도 있었다. 그때의 흔적이라며 수술 흔적이 있는 손가락을 보여준다. 불행 중 다행으로, 박 대표는 응급실에 실려 가서 손가락 봉합 수술에 성공했다. 당시 화재로 박 대표는 장애6급 판정을 받았다.

1억 원 사기 사건, 화재 사건, 손가락 절단 사건 등 엄청난 시련을 겪었던 박 대표의 태도는 담담하다 못해 무심하다. 손가락이 잘려나가서 봉합수술을 받고 병원에 있는 동안 박 대표가 태평하게 쉬었을까? 그동안 '대나무 숯'에 '올인' 했던 박 대표의 행동은 어떠했을까?

"손가락 수술을 한 병원 원장이 제 친구였어요. 한 달 동안 입원해 있으면서 병실을 업무 보는 사무실처럼 사용했어요. 결제 맡으러 온 사람들이 병실에 즐비했었죠. 병원에 폐를 많이 끼쳤어요."

그러면, '여장부' 박득자 대표의 남편은 어떤 사람일까. 경남 부잣집에서 장남으로 태어난 남편은 부인보다 더 느긋한 성격이란다. 부잣집 아들로 자랐기 때문에 집안일을 알아서 척척 해주는 스타일은 아니란다. 남편은 '밥 차려 달라, 양말 달라, 속옷 달라' 며 작은 일 하나라도 부인에게 의지한다. 장남인 남편에게 시집을 와서, 큰며느리 노릇을 다하면서 '우렁각시' 노릇까지 한 것이다.

어찌 보면 부잣집 아들인 남편은 좋은 가정환경 속에서 편하게 살아서인지 삶의 어려운 순간을 극복하는 것에 힘들어 하는 편이다. 오히려 박득자 씨가 더 대범하게 삶의 고비 고비를 꿋꿋하게 헤쳐 나가는 스타일이다.

현재 박득자 씨는 대나무 숯 관련 〈을지앤택〉의 대표이사를 맡고, 남편은 자회사인 〈보림산업〉의 대표이사를 맡고 있다. 그리고 아들은 각 회사의 이사로, 딸은 디자인실장으로 일하고 있다. 전 가족이 '대나무 숯' 사업으로 똘똘 뭉친 것이다.

박 대표가 제일 사랑하는 아들 역시 숯을 만들다가 손가락을 다쳐서 수술을 했다. '대나무 숯 담배' 출시를 앞두고, 한 달에 2톤가량을 KT&G에 납품해야 했다. 지금은 18억 원 정도의 시설투자비를 들여 대나무 숯을 제조하는 첨단 시설을 마련했지만 처음엔 개발기계가 없어서 시행착오를 겪었다. 일요일도 없이, 떡방아 기계로 수작업을 했다. 24시간 풀 가동을 하고, 여름휴가도 없었다. 밤샘작업을 하면서 정신없이 기계를 돌리고 있던 중, 떡방아 기계가 '툭' 하며 고장이 났다. 그 순간, 박 대표 아들의 손가락이 떡방아 기계 돌아가는 틈에 들어가 버렸다. 그때 일만 생각하면 박 대표는 자신의 손가락이 잘려나갔을 때보다 더 가슴이 저민다. 물론 지금은 웃으면서 그때 일을 회상할 수 있지만 말이다.

"한국산 대나무는 품질이 최고예요. 원료인 대나무를 키우는 곳은 경남 합천에 64만평 규모의 대나무 숯이 있어요. 그곳에서 〈을지앤택〉의 대나무가 쑥쑥 자라고 있지요."

한참을 얘기한 뒤, 박 대표는 64만평 규모의 대나무 숲을 보여주겠다고 나섰다. 일행은 다시 차로 옮겨 탄 뒤, 합천의 대나무 숲으로 이동했다. 눈앞에 끝도 없는 대나무들이 펼쳐졌다. 초록색 푸른 잎인 대나무 잎은 보기만 해도 기분을 청청하게 해준다. 흔들리는 대나무 잎 사이로 따사로운 가을햇볕이 들어온다. 일행들은 기념사진도 한 컷 찍었다.

처음 만났을 때, 박 대표가 '대나무 예찬론'을 꺼냈듯이, 대나무 숲에서 인터뷰가 끝날 즈음에 다시 대나무 예찬으로 돌아왔다.

"진로 참이슬에 들어가는 대나무 숯은 숙취에 도움이 됩니다. 담배에 들어가는 대나무 숯 역시 '타르'를 다 잡습니다. 담배의 '타르'가 줄어들면 담배 맛이 없을 것 같은데, 오히려 담배 맛은 그대로 유지되지요."

대나무 숯을 본 제품에 첨가한 후로, KT&G 담배의 시장점유율이 1%에서 17%로 증가했으며, 하루 매출액 규모 역시 350억 원이나 되었다.

조상들의 지혜 벤치마킹, '숯은 만병통치제'
"국내 최고 오른 뒤 해외시장도 접수할 것"

"예전에 아기가 태어나면, 금줄에 숯을 매달았던 이유 역시 그런 조상들의 지혜가 숨어있는 것입니다."

그러나 이 좋은 숯 역시 잡음이 없지는 않다. 대나무를 굽고 분쇄할 때 분진이 날리는데, 이 과정에서 민원이 들어온다. 집진기 시설을 해서 분진을 잡고 있지만 사천 마을 주민들이 대나무 숯 공장 이전을 요구하고 있기도 하다.

현재 숯 배게, 숯 비누 등 웰빙 건강 제품으로 백화점 등 건강 제품 코너에 납품을 하고 있다. 그리고 참이슬 대나무 숯, 대나무 숯 담배 등 대기업에도 대량으로 대나무 숯을 납품하고 있다.

박 사장은 일단 국내 시장에서 대나무 숯 점유율을 확고부동하게 높인 뒤, 세계시장으로 눈을 돌릴 예정이다. 그 일환으로 현재 한창 개발 중인 대나무 숯 제품이 있는데, 제품이

출시되면 선풍적인 인기를 누릴 것이라고 장담했다. 그 제품이 어떤 종류냐고 물어보니
'대외비'라며 얼핏 건강과 관련된 제품이라는 정도의 힌트만 준다.

박득자 대표 성공 3계명

첫 번째 꿈속에서도 일을 하라

어느새 비즈니스가 된 농업분야. 치열한 경쟁의 틈바구니 속에서 살아남기 위해서 그 분야에 '올인' 하는 것이 중요하다. 연구개발은 기본이다. 24시간 '대나무 숯' 생각만을 하고 사는 박득자 대표는 꿈속에서도 일한다. 그래서 초창기에 박 대표에게 사람들은 "저 여자는 숯에 미친 여자야"라는 말까지 들을 정도였다.

두 번째 위기는 겪어야할 과정

위기를 겪을 때 성공하는 사람은 다르다. 살면서 사람은 누구나 위기를 겪는다. 그러나 그 위기를 대하는 태도는 사람마다 천차만별이다. 성공하는 사람은 그 위기를 자성의 기회로 삼고, 그 위기를 통해 더욱 성장한다. 박득자 대표 역시 화재가 났을 때, 고액 사기를 당했을 때, 손가락이 절단 났을 때 모두 성장의 계기로 삼았다.

세 번째 배우자와 가족을 후원자로 만들라

여성 사업가는 사업이 안정되기 전엔, 사업도 해야 하고, 가사 일도 해야 한다. 여러 가지 일을 함께 해야 하기 때문에 특히 고되다. 이럴 때 회사가 크다면, 배우자와 가족들을 직·간접 후원자로 만드는 것은 필수다. 박 대표의 경우는 남편, 아들, 딸 모두 회사 일을 돕는 사람, 회사의 주역으로 만들었다.

한 가지 일에 미쳐보세요

농업의 미래에 대해 우울한 전망을 내놓는 이들이 많다. 특히 여성농업인은 일과 가사일을 병행해야 한다는 점이 남성농업인에 비해 더 어렵다. 그렇기 때문에 한 가지 일에 '몰입'해야 그 자리에서 빛을 볼 수 있다. 나는 꿈속에서도, 병상에서도 언제나 '태나무 숲' 생각밖에 하지 않았다. 농촌에서 일하는 것을 두려워하면 안 된다. 왜냐면 한 가지 일에 미쳐버리면, 도시보다 농촌이 성공할 무한한 잠재가치가 있다.

여성농업인 희망만들기 프로젝트 7

창업 도전 여성농업인 지원
기술력 향상에서 상표등록, 포장디자인까지 돕는다

농촌 여성들의 경제력을 확보하고 농가소득 증대를 위해 여성들의 '창업지원'은 매우 중요한 사업이다. 농림부의 지원정책은 여성 특유의 보유기술 및 지역의 부존자원을 이용한 일감을 발굴하고 이를 농가소득에 연결시키기 위한 것으로 ▶작업장 시설 설치 ▶생산원료 확보 ▶포장디자인 지원 등을 내용으로 한다.

정부는 우선 기술보유자를 중심으로 지원하되, 경쟁력 제고가 우선적으로 필요한 품목부터 우선 육성하고, 연차적으로 다양화할 방침이다.

■ 품질향상 지원 및 품목별 연구모임 활성화

생산제품의 품질이 향상되어야 경쟁력이 있는 만큼 이 부분에 대한 지원이 강화된다. 생산제품 품질개선, 포장재질의 고급화, 상표등록 및 특허출원, 위생적인 가공시설 보완 등을 내용으로 현재 지원받는 15개 작업장을 2006~2009년까지 64개소로 늘릴 계획이다. 또 여성농업인 창업자들의 품목별 연구회원을 육성하고 가공기술력 향상을 위해 연구회원 기술교육을 연 7회 마련한다.

문의 농촌진흥청 농촌자원과 (031-299-2673)

박영애 대표 : 1954년생, 1994년 강원도 주최 제2회 녹색지대 품평회 식품부문 금상 수상, 1995년 농협중앙회 이달의 새농민상, 1997년 농협중앙회 품질보증마크 획득, 1997년 한국식품개발연구원 가공식품 제조기술 연구계약 체결, 1997년 과학영농실천 대통령 표창, 1997년 농협중앙회 새농민상 본상 자립상 수상, 1998년 강릉시 직판장 개장, 1998년 농림부 선정 전통식품가공업체, 1998년 신지식인 선정, 1998년 농협중앙회 식품연구소 농산물 이용 가공식품 연구개발 계약, 2001년 프로폴리스 이용 식품 가공 연구 계약
박 영 애 부연영농조합작목반장
박영애

특성화 · 기능화 하지 않으면
농업의 미래는 없을 것

"토종꿀 특성화에 성공"

강원도 진고개 중턱에서도 더 깊은 골짜기에 자리 잡은 부연마을을 향하는 길. 도라지 엑기스를 넣은 꿀과 벌집에서 채취한 자연항생제인 프로폴리스를 첨가한 꿀, 마늘환 등 부가가치가 높은 농산물을 개발해 오지의 작은 마을을 일약 토종꿀 재배단지로 성장시킨 박영애 씨를 찾아가는 길이다.

대중교통으로 갈 수 있는 길은 이미 끝난 지 오래. 다행히 박영애 씨가 직접 마중 나와 주었다. 승합차에 오르자 차는 굽이 길도 이런 굽이 길이 없다 싶은 길을 내달렸다. 국내에서 몇 안 남은 비포장 국도라는 59번 국도는 말이 국도지 바로 옆이 아찔한 천길 낭떠러지다. 잔뜩 겁을 먹은 취재진에게 박영애 씨는 몇 년 전의 사건을 들려주었다. 전설과도 같은 실화는 '은혜 갚은 나무' 라 불려도 좋을 이야기였다.

부연동의 은혜 갚은 나무
부연동은 마을 사람들이 지켜온 청정 지역

"이 마을로 들어온 지 26년이 지났지만 이 길은 저희에게도 아직 위험한 길입니다. 눈이 오는 날은 나무 위에 쌓인 눈만 보고 운전하다간 큰일 나기 십상인 곳이지요. 저도 자동차가 낭떠러지로 떨어지는 추락 사고를 당한 적이 있어요. 그런데 우연히도 나무들 세 그루가 나란히 자라고 있는 공간으로 차가 쏙 떨어지는 바람에 기적같이 살아났어요. 나무가 차를 받치고 있는 형국이었습니다. 조심조심 문을 열고 낭떠러지를 기어 올라온 뒤에 구급 요청을 했답니다. 올라와서 보니 마치 나무 셋이 처음부터 우리 사고를 예상하고 자라준 것처럼 딱 그 위치에 있는 것 아닙니까. 나무 세 그루는 그 사고로 말라죽고 말았지요. 이 마을은 남편이 이 지역을 토종벌들이 살 수 있는 곳으로 만들려고 26년 전부터 죽기 직전까지 평생 나무를 심고 애지중지 했던 곳입니다. 저 역시 항상 이 길을 지날 때마다 '넌 어쩜 그렇게 예쁘게 뻗었니?' 라면서 항상 나무들을 칭찬해주었고요. 저는 나무 때문에 화를 면한 그 사고도 우연이라고 생각하지 않아요. 나무들이 우리 인간에게 은혜를 갚은 거라고 믿고 있어요."

왠지 고개가 끄덕여지는 전설 같은 이야기를 들으며 굽이 길을 올라 해발 800m 즈음에 이르자 거짓말 같이 평평한 평지가 펼쳐졌다. 사방이 철갑령과 전후재, 신배령과 두로봉이 마을을 감싸고 있는 분지가 바로 박영애 씨 가족이 일군 '토종꿀 마을' 부연동이었다. 마을 앞에 흐르는 부연천은 오대산 신배령 문푸레골에서 발원, 양양군 법수치, 어성전을 지나 양양 남대천을 거쳐 동해로 빠지는데 오염되지 않은 청정수 그 자체다. 짙은 녹음에 포근히 안겨 때 묻지 않은 청정함을 자랑하는 계곡과 개울이 흐르는 곳. 마을 사람들은 마을 진입로가 포장이 되고 사람들이 몰려오면 토종벌의 생존여건인 마을환경이 파괴된다며 진입로 포장까지 거부했다. 부연동은 마을 사람들이 지켜 온 청정 지역이다.

남편은 미친 듯 나무 심던 사람
부연동을 꿀이 흐르는 땅으로

전직 간호사였던 박영애 씨는 대구에서 나고 자랐다. 벌과 염소를 키우던 순박한 시골 청년이었던 남편 이기세 씨는 신혼 초부터 토종벌이 가장 살기 좋은 곳을 찾겠다며 몇 달씩 집에 돌아오지 않던 사람이었다. 결혼 직후 남편은 벌의 이동을 좇아 대구에서 강원도를 거슬러 마침내 벌이 살기 적합한 부연마을을 찾아냈다고 한다. 박영애 씨는 남편만 믿고 세 아이를 안고 훌쩍 도시를 떠나왔다. 갓 이사한 부연동은 도라지와 약초, 마늘, 감자, 옥수수를 재배하던 전형적인 산골 마을이었다. 피나무 산약초 싸리 당귀와 같은 약초가 많아 꿀이 날 수 있는 조건이 좋았고 토종벌이 지내기 좋았다.

남편은 벌 키우기에 앞서 벌들이 꿀을 채집할 수 있는 환경을 만들어야 한다며 나무부터 심기 시작했다. '나의 살던 고향'이라는 동요 속에 나오는 복숭아꽃 살구꽃 아기진달래를 비롯해 라일락 장미 등 꽃씨를 뿌렸고 마을을 가득 뒤덮도록 이름 없는 들풀을 심었다. 내 땅 남의 땅 할 것 없이 씨를 뿌리고 나무만 심는 젊은 청년을 마을 사람들은 미쳤다고 수군거렸다. 하지만 마을은 점점 꽃향기와 풀내음이 가득해졌다. 피나무, 음나무, 층층나무가 자라기 시작했고 연분홍 벚꽃과 자주색 복숭아꽃이 만발하는 봄이 되면 그윽한 향기는 언덕을 넘을 듯했다.

메마른 땅을 일군 수고는 서서히 결실을 맺고 있었다. 무에서 유를 일궈낸 박영애 씨 가족의 개척정신으로 마을은 점점 토종꿀 생산단지로 변모했다. 벌집을 만드는 데에는 큰 비용이 들지 않았고 박영애 씨 가족은 집집마다 벌집을 분봉해주었다. 부연마을의 18가구 중 14가구가 양봉업을 겸하게 되었고 마을 전체의 꿀 수익이 연간 2~6억 원에 이르기 시작했다. 벌꿀 한 병을 10만 원에 팔았지만 없어서 못 팔 정도로 날개 돋은 듯 팔렸다. 감자와 옥수수를 심어 팔던 마을의 주민들은 박영애 씨 가족의 조언으로 꿀 산업에 뛰어들어 농가에 새로운 활로를 모색했고 도라지 곰치 당귀 산나물 같은 약재를 심어 부가가치도 높였다. 산골 마을이 벌들의 향연으로 축복받는 땅이 된 것이다.

"꿀샘에 꿀을 가득 담은 벌은 착지하는 순간만 봐도 압니다. 서서히 착지하는 게 아니라 꿀샘이 무거워 툭 떨어지거든요. 벌들을 보면서 우리 가족들도 함께 엉덩이춤을 추었지요."

박영애 씨는 점차 화분 색깔과 꽃가루만 보고도 그 해 꿀이 얼마나 들어올지 감지할 수 있게 되었다. 심지어 아이들도 벌의 엉덩이춤을 보고 엄마에게 '벌이 꿈 담아 온다!' 고 외치곤 했다.

농업고등학교에서 양봉학을 전공한 그녀의 남편은 토종꿀에 대한 애착이 강했다. 하지만 양봉이 주류를 이뤘던 탓에 토종벌들이 채집하는 한봉을 하기란 쉽지 않았다. 양벌과 토종벌이 한데 살게 되면 덩치 큰 양벌의 기세에 토종벌들이 꿀을 모으기가 쉽지 않았고 양벌에게 꿀을 도둑질당하는 일도 잦았다. 그래서 남편은 한봉을 위해 토종벌만이 살 수 있는 환경을 고집했던 것이다. 그곳이 바로 부연동이었다.

"양벌과 토종벌이 일대일로 싸우면 토종벌이 이깁니다. 하지만 떼 지어 싸우면 토종벌이 밀려요. 침입자 말벌 한 마리 잡으려고 50마리의 토종벌이 달려들어야 할 정도입니다. 외국의 여러 나라가 연합을 지어서 한국에 들어오면 우리나라가 경제력이나 정치력 군사력에서 못 당하는 것과 비슷해요."

마을 주민들은 합심해 부연마을을 일구었다. 5년 전에는 장마가 계속되고 동해안의 잇단 산불로 밀원(蜜源)이 부족해져 말벌과 땅벌 등 야생벌이 토종벌통을 습격해 벌들을 죽이

고 꿀을 빼앗아가는 일도 있었다. 마을 주민들은 직접 야생벌의 다리에 농약을 묻혀 야생벌의 몰살을 도모하는 등 온갖 정성을 다해 토종벌을 지켜왔다. 또 벌들이 채집할 꿀을 위해 근처 농토에서 재배하는 작목에는 농약을 전혀 사용하지 않았다. 대규모 양봉업자들이나 중국산 꿀이 설탕물을 벌집 주변에 놓아두는 것과는 전혀 다른 방식이었다.

한편 좋은 꿀의 기본인 밀원이 될 나무와 꽃들을 심기 위해 박영애 씨는 수익의 일정 부분은 농토를 구입하는 데 썼다. 버려지다시피 한 오지라 땅값이 비싸지 않았다. 평당 식사 한 끼 수준이었다. 밀원을 위해 사 모은 땅이 현재는 1만여 평 수준. 그나마 농지로 직접 활용하지 않으면 세금을 크게 물기 때문에 어려움이 크지만 밀원을 확보하기 위해 박영애 씨 가족은 양봉 수입을 고스란히 밀원에 투자했다.

하지만 이 모든 시작을 일궜던 남편은 간암이라는 병마와 싸우고 있었다. 가족병력으로 가족들이 대대로 간암으로 세상을 떠난 남편을 병원은 멀고 응급조치와 상시처방은 민간요법에 의존할 수밖에 없는 오지에서 자신의 몸을 임상 대상으로 삼아 약초와 마늘, 꿀로 간암을 헤쳐가기 시작했다. 직접 개발한 마늘환과 꿀은 저항력을 높여주었고 의사가 '어디서 민간요법으로 치료를 했냐' 고 물을 정도로 다른 환자와 병의 전이 양상이 달랐다.

하지만 의료 사각지대인 오지에서 투병하는 것은 커다란 싸움이었다. 환자가 발생해도 응급조치가 힘들고 갑자기 낭떠러지에 낙석이라도 생기는 날엔 길이 막혀 차가 통행할 수조차 없는 의료 공백을 가족은 함께 헤쳐나갔다. 응급 환자를 구조하기 위해 마을에 헬기가 출동한 일도 있었다니 박영애 씨 가족의 투병이 얼마나 큰 싸움이었는지는 짐작이 가고 남는다.

남편은 투병기간이 길어지자 언제나 병원에 갈 준비를 해놓고 있었고 박영애 씨도 응급상황에 길이 끊어지지는 않았는지 항상 확인해 두곤 했었다. 간암 말기에 이르자 병원이 너무 멀어 남편은 그토록 손때 묻혀가며 가꿔온 땅을 떠나 병원으로 향했다. 최신 의료기로도 완치를 보장할 수 없는 병마를 민간요법만으로 자력 완치하기는 역부족이었다. 투병하던 남편은 혼신의 힘으로 땅을 일구고 훌쩍 세상을 떠났다. 박영애 씨에겐 가족이 남았고 땅이 남았고 벌이 남겨졌다.

남편이 죽은 뒤에도 박영애 씨는 홀로 땅을 지키며 벌을 돌보고 영농조합을 꾸려갔다. 그리고 마침내 프로폴리스가 첨가된 꿀을 개발해 특성화에 성공했다. 프로폴리스는 벌집의 틈이 난 곳에 발라 병균이나 바이러스로부터 스스로를 보호하는 역할을 하는 천연 페니실린이다. 유기물과 미네랄 등 세포 대사에 중요한 작용을 하는 물질이 들어있고 항염, 항생, 면역증강물질로 로열 젤리에 이어 최근 각광받고 있는 물질이다. 프로폴리스가 함유된 꿀은 같은 양의 토종꿀보다 두세 배 비싸게 팔린다. 암 세포의 복제를 억제시킨다는 소문이 늘면서 기능성 보조식품으로 주목받았기 때문이다. 농협 하나로마트, 현대백화점 등에 진열되면서 꾸준히 판매되고 있는데 지금은 적극적인 홍보를 하지 않아도 연간 1천여 명의 고객이 다시 찾고 있다.

"우리 농산품의 우수성 광고할 길 열어줘야"
농가-학계 잇는 정부의 영농 정책 절실

과연 농사로 고소득을 올리는 게 가능할까? 26년이라는 긴 시간을 투자한 결과, 이제는 성공사례로 손꼽히며 매년 2억 원 이상의 수익을 창출하고 있는 박영애 씨는 부가가치를 높이면 가능하다고 생각한다.

"1차 농산물로는 더 이상 종자 값도 못 건지고 인건비 충당도 안 되는 시기가 왔습니다. 값싼 중국산 농산물에 이겨낼 재간이 없어요. 하지만 특성화시키면 이야기가 달라집니다. 한 관에 5천 원에 팔았던 도라지의 경우 이제는 같은 무게가 10배 이상의 가치를 창출해내고 있습니다. 도라지 엑기스를 추출해 꿀에 첨가했기 때문이지요."

이러한 성공으로 부연동은 토종꿀 중 국내 최초로 품질 인증을 받았고 마을은 전통 꿀 생산 단지로 지정되었다. 또 정부가 지원해 1% 수준의 싼 이자로 꿀 가공 공장을 세운 뒤에는 각 가구별 투자비와 생산비를 더욱 절약할 수 있게 되었다. 각 가구에서 채취한 꿀은 작목반원들이 공장에서 공동 생산 작업을 통해 생산하고 있다. 한편 부연동에서 나는 산나물과 약초가 다른 곳의 같은 작물보다 약효가 뛰어난 것으로 소문이 나 특수 작목의 소득도 주요한 소득원이 되었다. 벌 때문에 농약을 사용하지 않았던 재배방식 덕에 약초의 품질도 높았고 사방이 산으로 둘러싸여 산에서 흘러오는 각종 양분이 좋은 토질을 형성해 작물 재배에도 유리했다.

박영애 씨는 토종꿀과 우리 농산물의 우수성을 학문적으로 입증하는 일을 정부와 학계가 나서서 해 주길 기대하고 있다.

"새농민상을 수상한 직후 1998년에 농협중앙회가 지원한 해외연수로 이스라엘에 가봤더니 학자들이 종자 개발을 돕고 전문 경영인이 종자 수출을 주도하는 등 정부가 농민과 전문가의 산학 협동을 주선하고 있었습니다. 농가 입장에서 기술을 개발하니 농민에게 실질적이고, 소비자의 요구에 맞춰 상품을 만들어내니 잘 팔리고, 농민—소비자—정부—학계 사박자가 딱딱 맞고 있어 큰 감동을 받았습니다."

이스라엘은 건국과 동시에 키부츠(공동농장)를 각지에 건설해 세계 각국의 기술과 지식을 가진 유태인들을 귀국시켜 국가 주도의 농업경영을 시작했다. 고학력 농업종사자들이 직접 개발한 농경 기술이 특징이며 국토 대부분이 사막지대라 연간 수백 밀리의 적은 강수량이라는 약점을 극복하고 관개체계를 만드는 등 국제적인 농업 기술을 자랑한다. 정부가 농업 기술과 정책, 경영에 항상 앞서가지 못하는 것에 답답했던 박영애 씨는 이스라엘에서 자신이 꼭 원해왔던 농업 시스템을 만난 것이다.

"빗방울만 이용해 세계적인 종자 수출국이 되었던 이스라엘이 있는데 우리나라는 강수량이나 토질 등 세계 최적의 환경을 가지고도 싸구려 수입 농산물에 국민의 먹거리를 의지해서 되겠습니까? 새로운 걸 시도하려는 농민, 특색 있는 농산품으로 부가가치를 높이려는 농민 등 열정이 살아있는 사람에게 정부는 학문적 지원과 자금 지원을 아끼지 않았으면 좋겠습니다."

박영애씨는 또 농산물에 기능성 표시를 허용할 것을 강력하게 주장했다.

"오존층이 파괴되고 토종꿀이 목감기 환자나 호흡기 환자에게 좋은 효능을 보이고 있다는 사실이 알려지면서 꿀을 찾는 소비자들이 늘고 있습니다. 하지만 아직까지는 식품위생법상 농산물 과대광고 규제 때문에 꿀의 기능성 효능을 알릴 수가 없어요."

미국의 경우 1994년부터 인삼 마늘 약초 등을 비타민과 같은 영양보조식품에 추가해 FDA의 사전승인 없이도 기능성과 효과를 주장할 수 있도록 허용하고 있다. 하지만 국내의 식

품위생법은 허위표시 과대광고 금지 조문의 포괄성으로 인해 농산물에 대한 효능 광고를 엄격히 금지해왔다. 예를 들어 청국장 만드는 농장의 홈페이지에 청국장의 기능성 내용을 올리거나 링크만 걸어도 과대광고로 형사 처벌을 받게 되어 있었다. 지난 6월 입법 예고된 식품위생법 개정안은 농산물의 기능성 광고에 대한 규제를 완화했지만 한의사협회 등 의학계가 식품이 의학적 효과가 있는 것처럼 과장 광고될 가능성이 있다는 이유로 반대의사를 표해 법안 실행이 난항을 겪고 있다.

"인삼이나 한약재도 대표적인 기능성 농산물 아닙니까? 하지만 농가에서 말린 인삼에는 효능조차 표시하지 못하고 한약방에 판매할 수도 없습니다."

특성화 꿀을 개발하고 있지만 광고할 수도 판매할 길도 좁은 현실 때문에 박영애 씨는 자신과 같은 농민이 아이디어를 펼칠 수 없는 현실에 안타까움을 금치 못했다.

"저희가 만들려는 특성화 기능성 제품을 지지해주시고 농사를 지을 수 있는 환경도 계속 만들어 주십시오. 저희가 파는 꿀과 약재가 효능이 있다고 알려지면 농부들은 땅을 지킬 수 있는 힘을 얻을 수 있는 것 아닌가요?"

홀로 땅을 지켜가는 여자

남겨진 삶 새로운 내일

"남편을 따라 들어오긴 했지만 저도 토종꿀 생산을 이젠 천직으로 생각하고 있어요."

아버지의 사업을 따라 남편이 2대째 물려받았던 양봉 사업은 박영애 씨의 손을 거쳐 막내아들에게 이어지고 있었다. 막내아들이 가업을 잇겠다며 농업고등학교에 진학해 3대째 벌을 키우게 된 것이다. 음악을 전공한 큰딸은 식품영양학을 전공한 남편과 부연마을에 내려와 함께 일을 돕고 있다. 학위를 딴 뒤 유학을 준비하고 있는 딸 내외는 부연동에 머무는 만큼은 어머니의 일을 함께하겠다고 했고, 사위와 장모는 머리를 맞대고 기능성 꿀을 연구하고 있다.

남편의 죽음 뒤에도 토종벌들과 함께 지내온 시간이 어언 7년이 되어 간다. 여자 혼자 땅을 지킨다는 것이 얼마나 어려운지, 7여 년의 외로운 시간을 통해 실감했다. 하지만 다행히 젊은 세대와 함께 꿈을 꿀 수 있는 미래가 있어 박영애 씨는 행복하다. 황무지를 일궈 꿀이 흐르는 땅으로 만들었던 그녀처럼 척박한 농업 현실 속에서도 꿈을 꾸는 사람에게는 우리 농업의 달콤한 미래가 기다리고 있을 것이다.

박영애 반장 성공 4계명

첫 번째 자기 농산물에 대한 자부심을 가져라

남들보다 더 시간과 정성을 들였다면 반드시 차별성이 있기 마련이며 자기 농사에 자신이 있기 마련이다. 자부심은 농업을 지속하는 원동력이 된다.

두 번째 열정과 도전정신이 살아있어야 한다

작목의 특성화를 위해선 언제나 새로운 아이디어를 창출할 수 있어야 한다. 열정과 도전정신이 농업의 새로운 활로를 개척하게 할 것이다.

세 번째 노력과 정성, 시간을 투자하라

내가 생산한 것은 내가 책임진다는 각오로 정성을 다하라.

네 번째 소비자를 감동시켜라

특별하게 관리한 토종벌, 식품 안정성, 소비자와의 지속적인 신뢰 관계로 소비자들이 '아!' 라는 감탄사와 함께 좋은 제품이 나올 수밖에 없는 환경을 이해하게 만들어라. 그것이 곧 감동 경영이다.

자부심이 있나요? 스스로에게 물어보세요

정성을 들이면 씨앗도 땅도 하늘도 인정해준다. 차근차근 준비해서 꼬박꼬박 시간과 정성을 투자하고 열정을 쏟으면 자연이 탄복한다.

농부에겐 자부심이 가장 중요한 덕목이다. 자기가 키우는 작물에 대해 누구에게나 자신 있게 설명할 수 있는 정도가 되어야 한다. 경험에서 나온 지식이든 사학적으로 공부한 이론이든 자기 작물이 우수성을 다른 사람에게 설득할 수 있어야 한다. 자기가 우수성을 모르면서 안 사준다고 소비자나 환경만 탓하면 안 된다. 상품 세일즈 하는 사람도 고객을 설득시켜야 성공할 수 있다. 소비자를 설득시킬 수 없다면, 자랑할 만한 제품을 만들 수 없다면 농사로 성공할 수 없다.

여성농업인 희망만들기 프로젝트 8

양성평등, 농업생산력 높인다
여성 이장율 30% 확대 추진, 교육과 캠페인 등 지원 내용

농촌의 양성평등 바람이 불고 있다. 농촌에서 여성 이장 30% 할당, 마을개발협의회 '남녀공동대표제' 를 도입하려는 움직임이 일고 있다.

그동안 농촌의 이장은 대부분 60대 이상 남성 노인이 맡다가 40, 50대 남성으로 세대교체가 진행되어 왔다. 이와 함께 농촌의 급속한 고령화에 따른 여성노인 인구가 증가된 현실에서 여성이 마을 일을 맡으면서 여성이장이 자연스레 늘어나기 시작했다. 정부도 농촌의 양성평등이 확산되는 데 노력을 기울이고 있다. 농림부는 "양성평등이 곧 농업생산력을 높인다" 는 기치 아래 농촌의 양성평등 정책을 만들어내고 있다.

농림부는 여성이장 30% 할당을 유도하고 있다. 또한 농림부 농촌마을종합개발사업 시행 지침 개정안에 따르면, '마을개발 협의회' 에 참여하는 주민대표는 '남녀공동대표제' 를 도입하도록 유도하는 내용이 들어있다.

이와 더불어 농림부는 농촌진흥청, 농협중앙회와 함께 여성농업인단체 회원교육을 지원하고 있다. 영농기술, 경영능력 향상, 협동조합 참여, 리더십 향상, 농촌사랑지도자과정, 유급 자원봉사자 양성 등 여성농업인 단체 회원교육을 실시한다. 그동안 8천 2백 명을 교육시켰으며, 유급 자원봉사자 양성 교육 예산으로 2억 원을 지원했다. 농림부는 여성농업인단체 정책세미나나 토론회 활동도 적극 지원했다. 이외에도 미래의 소비자인 유치원 및 학부모 대상으로 농업교육도 추진하고 있다.

송인숙 대표 | 1993년 귀농. 1998년 한국농림수산정보센터 2회 정보사냥대회 특별상. 컴퓨터정보화 영농수기 공모전 최우수상. 농민신문 생활수기 가작. 1999년 음식물 사료와 유기농으로 환경보호 강릉시장상. 1999년 음식물 사료와 유기농으로 환경보호 공로상 강원도지사상. 1999년 정보사냥대회 농림부장관 우수상. 첨단농업기술연수센터 농업정보화반 강사. 아피스 농업 주부모임 초대회장. 2002년 한국여성농업인회 강릉지회 부회장. 2005년 농림부 신지식인장. 2005년 행정자치부 신지식인상 수상.

송 인 숙 정 지 원 대 표

송인숙

귀농 13년 이젠 '땅의 여자'

"방목 닭·유기농작물
순환하는 청정 농원"

국립공원 오대산 기슭, 해발 400m의 청정지역에서 방목한 닭과 오리에게 직접 개발한 발효사료를 먹이는 농원이 있다. 육질이 다르다고 소문이 자자해 1년에 키우는 7천여 마리의 닭과 오리는 다 크기가 무섭게 팔릴 정도다. 게다가 축사에서 나오는 오물은 발효를 시켜서 고스란히 채소밭의 퇴비로 활용되는데, 이 '순환 농장' 에서 재배한 무, 고추, 파프리카 등의 채소는 아삭아삭한 맛이 끝내준단다. 시골에 남아 있던 농민들도 모두들 도시로 떠나던 1993년에 귀농했고 인터넷은커녕 TV도 잘 안 나오던 오대산에서 10여 년 전부터 피시통신을 두드렸던 오지의 아줌마는 지금은 유기농산물 인터넷 배송의 선도자가 되었고, 농민들에게 인터넷을 강의하는 전도자가 되었다. 우루과이라운드로 모두들 농촌을 떠나던 때 농촌으로 들어가 13년이라는 시간을 땅과 씨름하다 결국 '땅의 여자' 가 된 사람, 강원도 강릉 오대산 자락의 〈청지원(구 송천농원)〉 송인숙 씨가 그 주인공이다.

도시의 외로움과 농촌의 적막
네 식구의 시골 적응기

1993년 인천의 용접공이었던 남편과 전업주부였던 아내는 다섯 살배기 아들과 4개월 된 딸을 안고 강원도 강릉 오대산 자락으로 이사를 왔다. 산자락에 고작 일곱 가구가 살던 깊은 마을, 다 스러져가는 집 한 채와 도저히 물건을 보관할 수 없는 창고 하나가 네 식구를 맞았다. 주변에 도통 사람이 보이지 않는 깊은 산골이었지만 도시의 삶이라고 고독이 없으랴. 조용히 살고 싶은 마음, 정직하게 일해 정직하게 벌고 싶은 마음으로 농촌에서의 삶을 택했다. 다행히 아이가 울지 않았다. 산속의 적막이 오히려 포근한 듯 깊은 잠을 잤다. 가족이 이사한 동네는 강릉에서도 40km나 떨어진 삼산리. 옛날 거리로 꼭 백리만큼 시내에서 떨어진 곳이었다. 전화와 전기는 들어오지만 난시청 지역이라 텔레비전도 시청할 수 없었던 동네. 성수대교가 무너진 것도 몰랐다는 시골 중에 시골이었다.
1993년은 국내에도 우루과이라운드가 체결되었던 해, 그나마 농사짓던 사람들도 땅을 떠나던 시절이었다. 요즘처럼 '귀농 담론' 이 이야기되지도 않던 시절, 그들은 그렇게 스스로 땅을 택했다. 송인숙씨는 일찌감치 대학 진학도 포기하고 고등학교 졸업 직후부터 열심히 일해 한 달 월급 15만 원 중 13만 원을 동생들 학비와 가족들 생활비로 보내던 전형적인 맏딸이었다. 하지만 그런 희생은 다른 가족들에겐 잊히고 마는 사소한 고생이었다. 오히려 형제 중에 학력이 제일 낮은 천덕꾸러기가 되자 인숙 씨는 가족에 대한 미련이나 집착도 없어진 지 오래였다. 더구나 천식을 앓고 있어 가을만 되면 고통스러운 밤이 계속되자 혼탁한 공기로 가득 찬 도시 생활을 유지하는 것도 힘들었다. 이러한 상황이 도시 생활, 성공에 대한 미련을 모두 부질없는 것으로 생각하게 만들었다. 시골 가서 살자는 남편 고광석 씨의 갑작스러운 제안에 송인숙 씨가 두말없이 짐을 꾸린 이유였다.

아내는 곧 까만 고무신에 헌 작업복, 파마기 없는 머리와 화장 안 한 얼굴이 어울리는 영락없는 시골 아낙으로 변신했다. 다섯 살이었던 큰아이 태양이는 이사 오자마자 운동화에 흙이 묻는 게 견딜 수 없이 짜증나는 눈치였지만 며칠 만에 그런 짜증은 온데간데없어졌다. 오로지 마당에서 노는 일에 열중이었다. 달려드는 닭들에 한동안 쫓겨 다니더니 얼마 지나지 않아 닭을 겁주려 날리던 돌팔매질도 늘고 달리기도 제법 빨라졌다. 닭도 더 이상 태양이를 쫓지 않았다. 엄마도 태양이를 보며 흙과 땅에 삶을 적응시키리라 생각했다. 작은아이 태은이는 엄마가 밭일을 하는 동안 함지박 안에서 장난감을 가지고 조용히 놀았다. 햇볕에 함지박이 달궈져 온몸이 벌겋게 데였는데도 조용히 울던 아이였다. 태은이는 어릴 때부터 자기가 빨던 우유병을 강아지들에게 나눠주면서 놀곤 했다. 유난히 동물을 좋아했던 태은이는 부화실의 병아리를 돌보고 강아지와 오리, 거위를 곧잘 돌보곤 했는데 새끼 거위가 태은이를 엄마로 알고 따라올 정도였다.

남편과의 관계도 변했다. 함께 있고 싶어서 결혼을 했는데 직장 생활에 치여 결혼했다는 느낌이 들지 않을 정도였고, 주말마다 시댁에 들렀던 신혼 초기에는 함께 산다는 의미를 느낄 수 없었던 하루하루였다. 시골로 와 24시간 같이 지내게 되어서야 지긋지긋하게 부대끼는 결혼 생활을 실감하기 시작했다. 하지만 함께 노동하고 함께 거두는 진짜 동반자의 삶을 그제야 찾은 느낌이었다.

13년 전, 도시 출신 이방인을 바라보는 사람들의 텃세와 편견은 말로 할 수 없는 것이었다. 타지에서의 하루하루는 생존을 위한 끝없는 전투였다. '오죽 못나서 시골로 농사나

지으러 낙향했겠냐' 는 주위의 시선은 인숙 씨를 무척 힘들게 했다. 더욱이 초기에는 농부가 아닌 이방인이었기 때문에 농사에 관한 정보나 지원이 전혀 없어 더욱 힘들었다. 신문에서 정부 지원으로 농기계를 반값에 공급한다는 공고를 보고 면사무소에 갔는데 해당 대상이 아니라며 공급해주지 않았다. 이방인 취급과 푸대접에 할 수 없이 전액을 다 주고 농기계와 관리기를 구입했다. 스러져가던 집을 고치고 사료 건조장을 짓고 창고를 새로 지으려 하자 국립공원 안에 건물을 짓는 것은 불법 용도변경이라며 면 직원 남자 셋이 협박조로 찾아왔다. 농민들을 관리의 대상으로만 보아왔던 공무원들의 태도는 거칠고 폭력적이었다. 힘없는 도시 출신 이방인들을 공무원 말 잘 듣는 농민으로 길들이고 싶어 몇몇 공무원들은 사사건건 꼬투리 잡고 시비를 걸어왔다. 정작 모 기관의 기관장이 바로 옆산에 집을 짓고 준공도 받았을 땐 아무 문제도 없었을 뿐더러 되려 인숙 씨가 관리하던 산자락을 침범한 일도 있었는데 말이다.

"공무원들과 싸우며 싸움닭 다 됐지요."

시행착오와 좌절, 그리고 다시 일어서기

땅보다 사람이 더 척박한 것에 분하고 외로워 이사를 결심하고 짐을 꾸렸던 어느 날, 산림청 공무원이 다가와 공무원을 고발하는 신문고가 있다는 사실을 귀띔해주고 갔다. 억울함을 써 내려간 편지 한 장에 며칠 후 감사원에서 감사들이 찾아왔다. 면사무소는 발칵 뒤집혔다. 감사들은 상황을 조사하고 즉각 시정명령을 내렸고, 억울함이 해소되자 인숙 씨 가족은 해당 공무원을 처벌하지 말라는 부탁을 했다. 지역에서의 마찰을 해소하고 이웃으로 받아들여진 긴 싸움의 첫 승리였다. 이삿짐을 보고 감사원에서 내려온 사람들은 이 좋은 곳을 찾아내 들어오고선 왜 떠나려고 하냐며 웃었다. 문제가 해결되고 둘러보니 오대산 자락의 삼산리 만큼 좋은 동네가 있을까 싶었다.

인숙 씨 가족들은 그제야 이웃들과도 서로를 인정하고 소통하게 되었다. 산 아래 할머니는 인숙 씨네 밭 수확하는 날에 자기 밭일 제쳐두고 올라오시기 시작했다. 주민들도 인숙 씨네 농장을 들여다보기 시작한 것이다.

자녀의 유치원 소풍을 따라나선 지역의 젊은 엄마들이 전세버스에서 술과 춤에 출렁이는 모습을 보고 그 다음해 인숙 씨는 자모회장을 자처해 건전한 소풍과 건강한 학부모 모임을 주도하기도 했지만 오히려 이런 과정을 통해서 농사꾼 엄마들의 뿌리 깊은 좌절과 고민도 알게 되었다. 시부모, 남편, 시동생, 시누이의 수발을 들고 가사를 전담하고 농사를 짓는 엄마로선 아이의 입학은 여성 자신도 바깥으로 나갈 수 있는 탈출구였고 시집살이를 벗어날 수 있는 연례행사였던 것이다. 가부장적인 농촌의 분위기 속에서 자신을 억누르고 또 지켜가는 다른 여성의 삶이 남의 일로 느껴지지 않았다.

13년의 농사 생활 중 가장 마음이 아팠던 일은 열심히 재배한 채소를 사주는 사람이 없을 때였다. 도매시장에 내다 팔 때는 모양이 예쁘지 않고 무게가 적게 나온다는 이유로 수지를 맞출 수가 없어 언제나 적자를 면치 못했다. 두릅 값이 폭락을 해서 도매시장에서도 받아주지 않던 어느 해엔 강릉 시내에 좌판을 깔고 팔기도 했다. 두릅이라는 간판을 하나 세워두었더니 불법간판이라고 면 직원이 뭐라 하기도 했다. 농약 한 번 비료 하나 안 주고 순전히 퇴비로만 키웠던 김장 무, 먹어 본 사람에게 배만큼 달다는 평가도 받아 자신감이 있었던 자식 같은 무를 정당한 값을 받고 팔고 싶은 마음뿐이었는데 세상이 이상하다 싶었다.

이전에 동경해 온 농촌에서의 정직하고 전원적인 삶은 꿈 깬 지 오래. 스스로 개척하고 앞서 나가지 않으면 삶을 유지할 수 없다는 위기감이 찾아들었다. 인숙 씨는 농촌에서 살아남을 방법을 궁리했고 운전학원에 등록해 면허부터 땄다. 도시에 있었으면 운전을 하려고나 했을까 하는 생각이 스쳤고 도시에서의 삶보다 더 자신의 삶을 가꾸어 가자고 결심했다. 다음엔 조리사 자격증을 준비했다. 오대산 자락이 관광지인지라 부가가치를 높일 수 있는 식당을 해야겠다고 결심했던 것이다. 농사일과 병행하며 밤잠 설치며 공부해 1년 만에 합격했다. 컴퓨터도 배워야겠다고 결심했다. 386컴퓨터를 장만하고 자판을 익혀 가계부를 작성하고 게임을 하곤 했다. 그러던 어느 날 컴퓨터 통신을 하면 다른 농가의 노하우나 많은 자료를 얻을 수 있다는 이야기를 들었다. 즉시 모뎀도 달고 프로그램도 깔았다. 곧 하이텔 대화방에서 농사짓는 사람을 수소문했고 한국농림수산정보센터가 운영하는 소모임에서 농사짓는 사람들을 만나게 되었다. 인적 없는 깊은 산골, 이웃과의 소통조차 용이하지 않던 가족들이 PC통신을 통해 전국의 농사꾼들과 만나기 시작한 것이다.

농사꾼에게 인터넷이란
질 좋은 산물을 소비자에게 - 다리가 되어 준 인터넷

하이텔에 가입하고 보니 오지의 부부에겐 이런 신세계가 따로 없었다. 1996년의 일이었다. 무엇보다 신문을 속보로 읽을 수 있었다. 신문 배달을 시켜봐야 하루 늦게 도착할 정도이던 오지에서 실시간 뉴스를 읽을 수 있다니 감격스러울 따름이었다. 게다가 대화방을

만들어 '컴퓨터를 가르쳐 주세요' 라는 제목을 붙였더니 자세히 컴퓨터와 응용 소프트웨어를 이야기해주던 사람들도 있었다. 이름도 얼굴도 사는 곳도 모르는 선생님들을 모시고 때로는 초등학생이 가르쳐주는 정보도 얻어가며 인숙 씨는 점점 컴맹에서 탈출했다. 게다다 농사짓는 사람들이 모이는 아피스 안의 농민·낙농동호회에 가입하고 나니 천군만마를 얻은 기분이었다. 동호회 정보는 엄청났고 전국의 도매시장 가격도 한눈에 알 수 있었다. 컴퓨터와 전화로 홈뱅킹도 시작했다. 수수료를 줄였고 농협 나갈 시간이 줄자 기름 값

도 줄었다.

1996년 당시로서 인터넷은 생산한 상품을 유통시킬 수 있는 획기적인 활로였다. 도매시장에 채소를 내다팔던 인숙 씨는 애써 키운 채소들이 제값도 못 받고 헐값에 버려지듯 팔려갈 때, 도매상인들의 눈치를 보며 무시를 당하며 팔 때마다 눈물을 흘리며 직거래를 해야겠다고 결심했었다. 시대가 변하고 있었고 인터넷은 변화의 계기가 되었다.

시행착오와 고생의 결실로 인숙 씨는 2001년부터 토종닭을 전자상거래 하는 독자사이트(www.scfarm.pe.kr)도 만들었다. 입소문이 퍼지자 단골손님도 차츰 늘어갔다.

인숙 씨는 인터넷을 이용하고 공무원과 싸우면서 점점 농림부 사업을 꿰뚫고 농업정책을 읽고 있는 특이한 아줌마가 되었다. 친환경 농산물 허가 서류를 작성할 때는 공무원이 작성해주길 기다리는 게 아니라 직접 서류를 프린트해 들고 갔다. 처음 보는 서류에 공무원

들이 어리둥절해하자 6권짜리 농림사업시행지침을 펴 손가락으로 짚으며 이 지침에 의거해 서류 작성이 가능하다고 말했다. "아줌마, 이 지침을 다 읽으셨어요?" 이렇게 묻는 담당자의 눈빛에 존경의 뜻이 가득 담겨 있었다. 무식한 농촌 아줌마에서 존경스런 송 여사로 변하는 순간이었다.

〈청지원〉의 닭들과 유기농산물은 특별한 영농기술이 아니라 농장 주인의 정성과 고집으로 자란다. 인숙 씨는 식당에서 남은 음식물 찌꺼기를 가져다가 건조시켜 사료를 직접 만

든다. 메주를 만들 때 부패되기 직전에 발효시키듯 음식물 쓰레기의 수분 함량을 줄인 뒤 막걸리 찌꺼기를 넣어 발효를 시키고 이 사료를 닭에게 먹인다.

정치원의 순환적 생산 방법
생명을 지키는 농사꾼, 환경보존 외면할 수 없어

이 사료를 먹인 닭들은 닭장에서 냄새가 하나도 안 난다. 닭 축사 옆엔 가까이 갈 수도 없는 다른 양계장과는 큰 차이가 난다. 게다가 이렇게 키운 닭은 양계장에서 가둬 키운 닭과는 다르게 쫄깃쫄깃한 육질의 씹는 맛이 다르다. 잘 모르는 사람은 닭이 질기고 맛없다고 환불을 해달라는 경우도 있지만 사육 방법을 알고 육질의 이유와 맛을 알고 나면 태도가 180도 달라져 금방 단골로 변모한다.

닭의 똥은 다시 밭에 거름으로 쓰인다. 닭똥과 풀을 섞어 만든 이 거름은 유기농산물 인증을 받은 상추, 케일, 방울 토마토로 열린다.

감자 한 알도 유기재배를 한다는 것은 보통 일이 아니다. 단순히 감자 키우는 과정뿐 아니라 씨 뿌리기 전 농장의 토양 관리가 우선이다. 적어도 10년 이상 살충제 및 살균제를 사용하지 않고 흙에 미생물이 살아 있어야 한다. 인숙 씨는 8년 정도 휴경했던 지역에 7년째 농사를 짓고 있다. 물론 해충의 피해는 있지만 가령 진딧물이 생기면 무당벌레가 생겨서 진딧물을 먹는 식으로 먹이 피라미드가 작동한다. 곤충과 동물들의 생태계 안에서 농장도 순환하는 것이다. 밭에 첨가하는 인공적 거름까지 생태적으로 만들었으니 이러한 꼼꼼한 의지 덕에 1999년에는 유기농 재배와 음식물 사료로 환경보호에 앞섰다는 공로로 강원도지사상까지 수상했다.

인숙 씨는 농약도 비료도 축사의 분뇨도 환경을 오염시킨다는 사실을 알게 되자 생명을 지키는 농사를 짓는 사람으로서 환경을 보존하는 것을 외면할 수 없었다. 제초제를 쓰지 않아 밭과 앞마당은 잡풀들이 무성해 농장은 어딘지 정돈되지 않은 이미지지만 잡풀들이 맘껏 자라주는 게 오히려 기쁘기만 하다.

오지에서 자녀 키우기

어려운 환경에서도 훌륭히 커준 아이들이 고마울 뿐

인터넷은 농촌에서의 정착을 도왔을 뿐 아니라 아이들의 교육에도 큰 힘이 되었다. 자연을 벗 삼아 노는 것이 도시의 어떤 삶보다 소중하다고 말하는 것은 도시의 삶을 경험해본 적이 없는 아이들에게는 참 미안한 일이었다. 적어도 인숙 씨 자신은 도시의 문화들을 누려본 경험이 있기 때문이다. 아이들은 통신에서 교육 프로그램의 도움을 받아 문제들을 다운 받아서 프린트 해 나눠주면 학습지처럼 문제를 풀곤 했다. 자료가 많아서 아이들의 흥미도 높았다. 친구가 적은 외로움도 컴퓨터가 달래주었다. 또래 친구도 사귀고 메일도 보내기 시작했다. 컴퓨터에 남겨진 아이들의 메일을 슬쩍 열어보면 아이들의 묘사에는 오대산 삼산리에서의 활기차고 즐거운 삶이 꿈틀대고 있었다. 아이들이 그렇게 생각해주는 게 고마웠고 또 스스로의 삶을 찾아가는 거 같아 대견했다.

오지에서의 농사와 일상에 가족은 훌륭하게 적응하고 있었지만 아이들이 커가자 교육에 대한 문제는 온 가족의 숙제가 되어 있었다. 의무교육을 이행하는 것조차 어려움이 컸다. 큰아들 태양이가 중학교 2학년이었던 어느 겨울, 오대산 일대에 70cm의 폭설을 기록하던 어느 날, 마을의 아이 하나와 태양이가 학교에서 귀가하지 않아 동네가 발칵 뒤집혔던 일이 있었다. 전화를 걸어 수소문하니 시내버스 기사가 눈 때문에 갈 수가 없다며 아이들을 산자락에 내려놓고 돌아가 버렸던 것이다. 정류장에서 집까지 5km. 태양이는 함께 내린 아이에게 자기 코트까지 벗어주고 집을 향해 걸었다. 태양이는 결국 걷다 지쳐 산자락에 보이는 한 집으로 들어가 엄마에게 구조 전화를 보내고 쓰러졌다. 인숙 씨는 얼어 죽지 않은 게 다행이라고 태양이를 끌어안고 울었다. 태양이가 고등학교에 진학할 즈음에는 아침에 시내로 가는 버스 노선이 폐지되는 바람에 통학이 불가능해진 일도 있었다. 태양이는 "엄마 에디슨은 학교를 안 다니고 엄마한테 배웠으니 나도 엄마한테 배울래요"라고 했다. 인숙 씨는 "에디슨 엄마는 똑똑하지만 이 엄마는 가르칠 능력이 없다"며 그저 웃을 수밖에 없었다. 그 어려운 환경에서도 공부를 잘한 태양이는 홍성의 풀무고등학교를 자원해 결국은 유학길을 떠났다.

한 발 앞선 걸음, 열 걸음 가까워진 미래
척박한 땅을 일궈 삶의 터전으로

"컴퓨터는 어느 농기계보다도 쉬운 농기계입니다."
인숙 씨는 1997년 한국농림수산정보센터에서 주최한 정보사냥대회에서 특별상을 받은 이후로 정보화 영농수기 공모전에서 최우수상을 받고 강원도지사로부터 유기농산물 생산으로 인한 환경보존 공로상을 받았다. 인터넷을 활용한 농가의 새로운 모델로 주목받았지만 정작 본인은 "남들보다 조금 일찍 했기 때문에 주목받았을 뿐"이라고 손사래를 친다. 오히려 더 배워서 다른 농민들에게 컴퓨터나 유기농 기술을 가르쳐야겠다고 결심한다

〈청지원〉의 성공은 경제적인 성공과는 거리가 멀다. 실제로 송인숙 씨 가족은 아직도 대출 받아 들여온 농지에 대한 이자를 갚기 바쁘다. 하지만 송인숙 씨의 성공은 척박한 땅을 일궈 삶의 터전으로 삼은 뒤 농사의 가능성을 발견해 낸 한 인간의 성공이다. 그녀의 삶은

귀농을 꿈꾸는 도시인들에게 그대로 하나의 기록이다.

"13년이 한 달 같았어요. 남은 한두 달도 열심히 살다보면 그때는 땅이 주는 수확으로 살게 될까요."

송인숙 씨의 작은 소망이다.

송인숙 대표 성공 4계명

첫 번째 결과에 연연 말고 과정을 중시하라

귀농한 뒤 독특한 작목을 재배해 인터넷 직판으로 바로 성공할 거라 믿는 젊은 귀농인들이 있다. 그러나 돈 벌기 위해 농사를 시작하거나 눈에 띄는 신속한 결과를 기대하면 농사를 지속할 수 없다. 농사짓는 과정에서 의미를 발견하고 결과에 연연하지 말 것. 결과를 기대할 수 없을 때조차 최선을 다하는 것은 기본이다.

두 번째 재투자는 하되 생활은 검소하게 하라

도시적 문화를 동경해 검은 얼굴을 부끄러워하고 옷과 화장으로 자신을 가꾸는 여성농업인이 의외로 많아 송인숙 씨는 깜짝 놀랐단다. 농사를 위한 투자는 과감하되 일상은 검소해야 한다. 물론 이러한 생활 태도는 자기 농사에 대한 자부심의 정도에서 드러나는 것이다.

세 번째 항상 새로운 것을 배우라

인터넷 환경과 영농기술은 하루가 다르게 변하고 있다. 신기술을 통해 농업의 가능성을 남보다 앞서 발견하려면 새로운 것을 배우려는 노력을 게을리 해선 안 된다. 문화와 문명적 소외지역인 농촌에 사는 사람일수록 새로운 것을 포착하는 레이더를 도시인보다 두세 배 높게 세워야 한다.

네 번째 땅이 내게 정직했듯 정직하게 소비자에게 보여줘라

기후 변화로 인한 농사의 상태를 소비자에게 보고하고 품질이 떨어졌을 경우 이유도 상세히 알려라. 정직하게 키운 채소를 정직하게 전달하지 않으면 소비자들의 오해로 유기농산물의 설 길은 더욱 좁아진다.

네트워크로 소통, 든든한 버팀목 돼요

통신이 시작되던 시절 농민동호회와 낙농동호회에 가입했다. 거제도에서 30년간 닭을 키워온 '닭사랑'이라는 아이디의 농부를 스승으로 모시고 정보를 들었다. 닭의 상태를 듣기만 해도 상황을 안 정도인 그분께 언제나 메일을 보내 문의하곤 했다. 눈이 많이 와서 하우스가 주저앉자 대관령에 사는 농부가 조언해주었다. 오대산 오지에 살이지만 주위엔 항상 농사꾼 친구들이 가득했다. 네트워크를 통해 하찮은 농사꾼이란 생각을 버리게 되었다. 인간이 가장 기본인 먹거리를 생산하는 농부들이 노동은 사회의 가장 기본이 되는 일이라 생각하게 되었기 때문이다. 가장 기반이 튼튼해야 할 산업이 바로 농사다. 하지만 농사가 그 본래적 가치만큼 대접을 못 받고 있고 농민들 스스로도 자신의 위치를 지키지 못하고 있는 게 현실이다. 하지만 목적감과 자책은 농사꾼들에겐 치명적인 것이다. 네트워크를 구성하고 그 안에서 소통하면 농사꾼이라는 것에 더 큰 자부심을 느끼게 될 것이다.

여성농업인 희망만들기 프로젝트 9

생산자 모임 적극 참여를
농업협동조합 · 농협서 여성도 제 목소리 내야

여성농업인의 대외활동이 늘어가면서 정부는 협동조합 및 작목반 등 생산자 조직에 여성의 참여를 확대시키는 방안을 모색 중이다.

농림부는 지방자치단체가 진행하고 있는 여성농업인 육성 5개년 계획의 진행 과정에도 각 농업인 단체의 여성임원 및 전문가들을 모니터단으로 구성해 여성농업인 정책 계발에 참여시킬 것을 제안했다. 농림부 김흥순 사무관은 "지방자치단체의 농정관련위원회 및 농림부소관 각종 위원회에 여성위원들을 확대 위촉하고 각 시도별 여성농업인육성정책 자문회도 설치할 예정"이라며 "농촌마을 종합개발사업 등 마을 개발 협의회에 참여하는 주민대표는 남녀공동대표제로 규정할 것"이라고 밝혔다.

농업협동조합과 각 품목별 생산자 조직(작목반)의 구성원이 남성 일색인 것도 여성농업인의 참여로 극복해야 할 상황이다. 현재 농업협동조합에 가입한 여성조합원 비율은 2005년 전체 조합원의 25.3%에서 2006년 27%로 4분의 1을 조금 웃도는 수준이다. 협동조합의 여성임원도 304명으로 2.3% 수준에 그치고 있다. 농협은 여성분과위원회를 확대하고 여성농업인을 농협 간행물 등에 소개하고 의사결정과정에서 여성농업인이 참여, 적극적으로 대처할 수 있도록 전문성 제고를 위한 교육 참여를 유도할 계획이다. 조합대의원 교육과정도 늘릴 예정이며 각 작목반에는 각종 회의 및 교육 시 부부가 공동으로 참여할 수 있도록 하고 여성 친화적 교육프로그램을 운영할 예정이다.

농림부 여성정책과 이성주 사무관은 "남성이 주축이 된 기존의 협동조합 분위기와 남성 위주의 관행이 여성농업인의 제도적 참여에 장벽을 만들어 왔다"며 "그러나 여성농업인들 스스로 대외 활동에 적극적으로 참여하고 의사결정 과정에 당당히 목소리를 낼 수 있도록 참여해 달라"고 호소했다.

신현아 대표 | 1996년 조선대학교 유전공학과 졸업. 2003년 한국농업전문대학 졸업. 2004년 행복두배 목곡농원 (www.h2b.co.kr) 홈페이지 오픈, 부산 농산물 쇼핑몰 입점 (www.B1mall.com), 2006년 농업인 홈페이지 경진대회 우수상 수상, 한여농 혁신인재 비즈니스 아카데미 교육 12월 수료 예정

신 현 아 목 곡 농 원 대 표

신현아

신현아 대표 | 1996년 조선대학교 유전공학과 졸업. 2003년 한국농업전문대학 졸업. 2004년 행복두배 목곡농원 (www.h2b.co.kr) 홈페이지 오픈, 부산 농산물 쇼핑몰 입점 (www.B1mall.com), 2006년 농업인 홈페이지 경진대회 우수상 수상, 한여농 혁신인재 비즈니스 아카데미 교육 12월 수료 예정

신 현 아 목 곡 농 원 대 표

새로운 유통개발로 농업의

미래를 밝힌다

"농업에 필요한 것은
경영마인드"

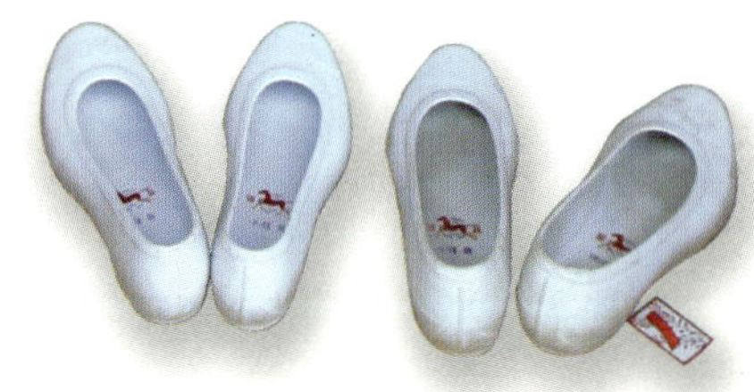

부산 기장군에서 저농약 배를 생산하는 〈목곡농원〉의 '행복지기' 신현아 씨. 행복한 결혼을 꿈꾸는 나이 스물이 되었을 때부터 '농사꾼과 결혼하겠다' 고 마음먹었던 신현아 씨는 원하는 대로 농촌 총각을 만나 밝은 농업의 미래와 가족의 행복을 일궈가고 있다.

"농원의 명의도 제 것이 아니고, 이제 농사경력이 4년밖에 안 되는 농가의 새내기 주부이지만 저는 남편과 함께 농사를 짓는 파트너란 점을 분명히 하고 싶었어요."

그의 당당한 자신감은 스스로 '농사꾼' 이 되겠다며 전문직업을 내팽개치고 한국농업전문학교를 선택했을 때부터 차곡차곡 쌓아온 것이다.

"농업에 미래가 없다고 생각했으면 선택하지도 않았을 것" 이라는 신 씨는 젊은 농업인들이 새로운 농촌의 변화를 위해 도전하고 실험한다면 어떤 직업보다 가장 보람찬 결과를 가질 수 있을 것이라고 믿는다.

농사꾼되겠다… 전문직 버리고 '한국농업전문학교' 재입학
전라도 처녀, 부산에서 농사를 시작하다

신현아 씨는 전라남도 장성이 고향이다. 조선대학교 유전공학과를 졸업하고 서울에 있는 폐수처리 약품회사의 '폐수분석 기술연구원' 이 되었다. 남들이 부러워할만한 전문직 일자리였지만 그는 '이 일은 내 평생직업은 아니다' 라는 생각이 들었다.

"고민 많이 했죠. 농촌에서 자랐지만 사실 직접 농사를 지어본 적도 없고, 도시에서 학교를 다녔기 때문에 솔직히 겁도 나더라구요."

그래도 그는 더 늦기 전에 '도전' 이란 걸 선택했다. 3년 동안 다니던 직장에 사표를 내고 수원에 있는 한국농업전문학교(한농전)에 지원한 것.

공부 잘하고 서울에서 직장까지 잘 다니던 딸이 농사를 배우겠다며 다시 전문학교에 들어간다니 어머니 근심이 컸다. 친구들도 하나같이 '이해할 수 없다' 는 반응을 보였다. 그러나 고집을 꺾지 않았고, 아버지의 든든한 격려까지 받으며 다시 공부를 시작했다.

전공은 '채소'로 정했다. 가장 생활에 근접한 작물이기도 하고, 평소 관심이 많은 분야였기 때문이다.

그는 한농제의 3년 생활을 통해 단지 '농사짓는 법' 뿐만 아니라 우리 농업의 미래, 그리고 벤처정신을 갖춘 전국의 젊은 '농업인'들과 교류할 수 있었던 것을 최고의 소득이라고 말한다. 그는 남편 최시훈 씨도 바로 이곳에서 만났다.

남편 최시훈 씨는 그보다 1년 선배로 '과수'를 전공하고 있었다. 현재 〈목곡농원〉은 신현아 씨의 시부모님이 일군 것으로 장남인 그의 남편도 직장을 그만두고 가업을 잇기 위해 다시 '학교'에 온 터였다. 신현아 씨보다 1년 빨리 졸업한 남편은 그를 만나기 위해 주말마다 한농전이 있는 수원으로 달려왔다. "원거리 연애여서 더 애틋하고 더 빨리 정이 들었다"는 신현아 씨. '영호남 커플'이었지만 주위의 반대 하나 없이 순탄한 결혼생활을 시작했다.

농촌에서 나고 자랐으며, 한농전에서 '농사'를 전공한 그이지만 역시 농사의 '참맛'은 결혼 이후에야 현실로 다가왔다.

신현아 씨는 결혼한 첫해에 태풍 '매미'로 〈목곡농원〉의 배 80%가 떨어지는 엄청난 피해를 보았다. 상품으로 내놓을 수도 없는 그 배들을 주워 담으면서 '아깝다' 하던 마음이 고

작이었다면 이제 결혼 4년차쯤 되니 10%의 배만 떨어져도 '속이 상하고 분해서' 잠도 못 이룰 정도가 되었다.

"자연재해를 대비해 '보험'을 들기 때문에 피해액을 보전 받을 수는 있어요. 그런데 보상을 받더라도 속은 상해요. 과일 하나 하나가 내 정성이고 내 꿈이 거든요. 농사는 '돈'이 아닌 '보람'을 수확한다는 것을 조금씩 깨달아가고 있습니다."

지금은 세 살이 된 딸 진희를 키우느라 농사에 많이 참여하지 못하는 것이 사실이다. 게다가 일하러 오는 동네분들의 나이가 모두 시어머니와 같은 60대이다 보니 그가 직접 나설 기회도 많지 않다. 직접 농사를 짓겠다며 한농전까지 졸업했으니 이것저것 직접 시도해보고 싶은 게 참 많았던 신현아 씨는 결국 자신만이 할 수 있는 일을 찾아냈다. 홍보와 판매가 그것.

농협행사와 지역축제에 '배'를 직접 들고 나가 큰소리로 호객을 통한 '홍보'에 돌입하는 신현아 씨의 적극성은 언제나 '직거래 매출'로 연결이 된다. 남편 최시훈 씨도 아내라기보다 '파트너'로서 그와 농원의 크고 작은 업무를 의논한다. 우리 농업의 미래가 순탄치 않더라도 결코 포기하지 않겠다는 결심으로 의기투합한 동지애가 두 사람의 결혼에 밑바탕을 이루고 있음을 알 수 있는 대목이다.

젊은 농사꾼은 배우는 게 투자다

"농업의 미래는 네트워크와 정보공유"

"지금 농업에 필요한 것은 바로 경영마인드입니다."

신현아 씨 부부는 이를 위해 전국적인 '정보 네트워크', '전문교육이수' 등 젊은 농업인들이 장기적인 투자에 적극적이어야 한다고 목소리를 높인다.

현재 남편 최시훈 씨는 동문회장을, 신현아 씨는 동문회 내 커플모임 회장을 맡고 있다. 동문회 등의 모임은 단순한 친목도모의 목적이 아니다. 농업에 대한 살아있는 정보의 루

트를 개척하고, 자신들에게 필요한 교육을 직접 정해 강사를 초빙하는 등의 프로그램도 운영한다. 같은 품목을 재배하는 사람들끼리 긴밀히 연결되다 보니 병충해, 새로운 기술, 시장정보 등이 정부 발표보다 빠르다. 게다가 귀농, 새로운 품종 개발 등에 관한 문의가 오면 사람들을 서로 연결시켜주는 일도 도맡고 있다. 농원일이 바쁜 와중에 '책임감' 이 없다면 해낼 수 없는 일이다. 이를 바라보는 시부모님의 걱정을 듣는 것도 일상이다.

"시간을 할애하고 있지만 남편과 저는 젊었을 때는 돈을 버는 것보다 많은 것을 배우고, 사업적 기반을 마련하는 것이 더 중요하다고 의견을 모았어요."

신현아 씨는 얼마 전 한여농에서 주최하는 '비즈니스 아카데미' 를 다녀왔다. 아침부터 저녁 10시까지 빡빡하게 이어지는 수업인지라 3일 정도 집을 떠나있었다. 뭔가 배우겠다고 하면 적극적으로 후원해주는 것도 역시 남편의 몫이다. 신현아 씨는 교육장에서 만난 30여 명의 선배 여성농업인들을 통해 자신의 미래를 더 확신하게 되었다고 말한다.

"지금 제가 구상하는 사업들을 이미 성공적으로 하고 계실 뿐만 아니라 그 노하우를 아낌없이 말씀해주시더라구요."

그는 이번 교육을 통해 "농업의 미래는 네트워크와 정보공유임을 다시 한 번 확신하게 되었다"고 말한다. 그리고 한농전을 통해 배출된 젊은 농업인재들이 그 역할을 담당해야 한다고 믿는다. 다행히도 후배들은 신현아 씨가 학교 다닐 때보다 더 적극적으로 공부하고 있고, 지난해 입학 경쟁률이 3:1에 이르렀다는 소식도 들었다.

유통구조 바꾸고 가공식품 개발하는 게 살 길

중국 저가농산물 걱정만 말고, 우리가 중국 시장 공략해야

배 시세가 계속 하향세인 요즘 신현아 씨 부부의 고민은 역시 매출 끌어올리기다. 신현아 씨는 "수요보다 공급이 많아져 값이 떨어지고 있지만, 유통구조만 개선해도 농가소득을 조금 더 올릴 수 있을 것" 이라고 말한다.

〈목곡농원〉이 출하하는 배의 50%는 전자상거래 즉 직거래로 유통된다. 처음엔 부산농업

인기술센터 추천으로 '부산농산물 전자상거래몰' 입점이 시작이었지만 최근에는 자체 홈페이지도 열었다. 〈목곡농원〉 홈페이지(www.h2b.co.kr)는 2006년 농림부 주최 농업인 홈페이지 대회에서 우수상을 받기도 했다. 요즘엔 정부가 나서서 생산자 직접 판매를 권하는 분위기다. 〈목곡농원〉 홈페이지는 관리가 잘 되는 것이 큰 장점이다.

"만약 인터넷이 발전하지 않았다면 농촌살이를 쉽게 결정하지 못했을 거예요."

신현아 씨는 농촌살이를 시작한 후 오히려 더 많은 친구, 선·후배를 만났다. 미니홈피, 블로그, 포털사이트 동호회 활동 등 신현아 씨의 친목활동은 '전국구'다.

"도시에서 직장 다닐 때도 서로 바쁘다보니 메일이나 메신저, 미니홈피를 통해 만났어요. 인터넷만 된다면 어디에 있든 어려움은 없을 거라고 믿었죠."

물론 가끔 직접 만나 쇼핑하거나, 수다 떠는 즐거움이 그립기는 하지만 대신 다양한 사람들을 만나게 되었다. 인터넷 아줌마 동호회에서는 고부갈등, 부부싸움, 아이 키우기에 대한 어려움을 토로하자마자 아낌없는 조언들이 쏟아지고, 이렇게 가까워진 사람들은 매월 정기적으로 모임을 갖는다. 농사를 짓는다는 공통점 때문일까, 얘기도 잘 통하기 때문에 '외로움' 이란 것은 느끼기 어렵다.

최근 젊은 농업인들 중에는 읍내나 주변 도시에 살면서 '농촌' 으로 출퇴근 하는 사례도 늘고 있다. 대도시가 아니더라도 문화, 교육환경이 많이 좋아졌

기에 가능한 일이다. 신현아 씨는 "물론 이런 환경조차 어려운 농촌이 아직 많다는 걸 안다"며 "농촌에서 살수록 인터넷을 효과적으로 활용할 것" 을 권한다. 신현아 씨는 인터넷

을 통해 '경제 공부'도 한다. 농촌에 살면서 가장 걱정되는 것 중 하나가 바로 '경제 감각'을 잃어가는 것이다.

"펀드나 주식, 각종 금융상품 등 일반 경제 정보에서부터 경제의 흐름 등 모든 것을 인터넷을 통해 배워요. 농촌에서는 노력하지 않으면 이런 정보를 등한시하게 돼요."

매주 재테크 사이트에 들어가 다른 사람들의 가계부 샘플을 보며 경각심을 갖도록 스스로 다그치기도 한다.

신현아 씨가 또 하나 주력하는 것은 바로 '배즙' 생산이다.

"남편이 선과에 워낙 까다롭다보니 다른 농원 같으면 내다 팔았을 것도 '불량' 판정을 내버려요."

그러니 가격을 조금 높여 받는다고 해도 수익이 늘 수가 없다. 그래서 '못생겨서 탈락한' 배들을 모아 농장 한 켠에서 가꾸고 있는 오가피 등 한방재료와 함께 '배즙'을 만들었다. 지난해 이 배즙만으로 1천만 원의 매출을 올렸다.

"여러 가지 가공식품을 개발해서 온라인을 통해 판매하고 싶은데 식품허가 등 관련 기준이 까다로워 아직은 지역에서 입소문 듣고 오신 분이나 직거래로만 판매해요."

농가소득을 올리기 위해 부가가치형 가공식품

개발이 필수라면 보다 세심한 관련 지원이 필요하다는 게 신현아 씨의 주문이다.

〈목곡농원〉은 얼마 전부터 '배나무 분양'을 시작했다. 부근 도시 사람들에게 한 그루당 10만 원에 분양하는데, 봉지 씌울 때, 배꽃 필 때, 수확할 때 찾아와 일손도 돕고 하루 놀다 가면 된다. 한 그루당 수확 후 4상자(7.5kg)를 주는데 솔직히 이익은 없다. 그러나 장기적으로 볼 때 '홍보' 효과는 크다는 것이 그의 판단이다. 신현아 씨는 "이렇게 오시는 분들이 직거래 고객이 되고, 또 체험농원으로 사업을 확대할 수 있는 기반이 될 것"이라고 말한다. 이를 위해 〈목곡농원〉만의 독특한 이벤트 프로그램도 구상 중이다.

FTA 앞두고 생산이력제도 실시 중이다. 지난해 도전했다가 중도에 포기했던 '무농약 배' 생산도 다시 한 번 도전해 볼 참이다.

"무농약 배가 시장성이 있기는 하지만 적절한 마케팅 전략이 뒷받침되어야만 노력만큼 대가를 인정받을 수 있다"는 신현아 씨는 "인증제에 대한 소비자의 신뢰가 가장 큰 마케팅 전략이 되는 만큼 정부의 까다롭고 정확한 관리가 필요하다"고 덧붙였다.

신현아 씨는 한농전 2학년 필수 교과과정인 해외현장실습을 중국에서 마친 경험이 있다. "중국이 현재 우리보다 농업기술은 떨어지지만 시장성과 미래 발전가능성 등에서 우리 농업에 큰 영향을 미치게 될 것"이라는 교수의 권유로 선택했었다. 생각대로 농법에서는 그다지 배울 게 많지 않았다. 하지만 그는 중국 시장에서 우리 농산물이 충분히 경쟁력을 확보할 수 있다는 확신을 갖게 되었다. 수입 중국 농산물의 피해만 생각할 것이 아니라 중국시장을 공략하는 방법을 찾아야 한다는 게 그의 지론이다.

"중국은 땅만 넓은 게 아니에요. 그만큼 다양한 수준의 사람들이 살고 있어요. 고급 농산물 수요가 뚜렷하고 그 시장도 매우 큽니다."

신현아 씨는 특히 국내산 '배'는 가능성이 높다고 말한다. '달고 물이 많아 시원한' 배 품종의 우수성에 우리 농가의 재배기술이라면 중국 내수시장을 공략하는 것이 어렵지 않을 것으로 보고 있다. 이 같은 신현아 씨의 생각대로 당시 중국을 함께 다녀온 그의 동기 중 몇 명은 중국 산동에서 '배농사'를 짓고 있다. 현지에서 생산되는 배는 전량 중국시장에서 판매되고 있으니 일단 시작은 '청신호'인 셈이다.

신현아 씨도 중국진출에 마음을 두고 있다. 그러나 시부모님과 함께 과수농사를 짓고 있고, 무엇보다 남편이 아직은 마음을 정하지 않고 있어 아직은 구체적 계획을 세우지 못한 상태. 하지만 어차피 시장이 개방된다면 '넓은 시장'에서 승부해야 한다는 게 그의 확고한 생각이다.

대가족과 흙에서 사는 삶… 아이에게 가장 큰 행복
그 흔한 감기조차 크게 걸린적 없어

"흙을 밟게 해주고 자연을 느낄 수 있는 것이 우리 아이에게 가장 큰 축복이라고 믿어요."
요즘 도시 아이들이 다 가지고 있다는 병 '아토피'는 물론이고, 그 흔한 감기조차 크게 걸리지 않는 딸 진희를 볼 때마다 자신의 선택이 옳았다는 것을 깨닫는다는 신현아 씨. 다만 동네에 아이들이 없어 함께 놀 친구가 없는 것이 마음에 걸려 조금 이르긴 하지만 얼마 전부터 '어린이집'에 보낸다.

남들은 농촌에서 시부모 모시고 사는 삶이 얼마나 힘드냐고 안쓰러워하지만 정작 그는 시부모님과 함께 사는 것도 아이에게 좋은 환경이라고 말한다.

"세 살밖에 안된 아이가 과일을 집어 할머니 할아버지 드시라고 권하고 먹어요. 어른 공경하는 법을 야단치며 가르치지 않아도 몸으로 체득하는 거죠."

게다가 어른들이 아이를 잘 돌봐주시니 그의 육아부담도 훨씬 줄었다. 고부갈등에 대해서도 그는 크게 개의치 않는다. 신현아 씨는 "워낙 완벽한 현모양처형 시어머니를 보면서 처음부터 '난 똑같이 할 수 없으니 내 식대로 하자'고 눈높이를 낮췄다"며 "다행스럽게도 시부모님과 남편 모두 '강요'가 아닌 '이해'의 태도를 보여주신 것에 감사하다"고 말한다.

농가지원 전에 반드시 경영교육부터 마련해줘야
농업인 스스로의 노력도 반드시 필요

"농가지원책 중 가장 중요한 것은 바로 '교육'입니다. 젊은 사람이 건방지다고 말할지도 모르겠지만…."

이 말을 꺼내는 신현아 씨는 지금까지의 농정은 한마디로 '퍼주기식 농정'에 불과하다고 말한다. 일단 주고보기식 지원금 제도로 농업인들이 빚에 대한 감각이 오히려 둔해졌다는 것. 일반적으로 지원금 구성은 50%는 융자, 30%는 지원, 20%는 자부담으로 구성되어 있는데 일단 융자금이라며 목돈을 받으면 이걸 갚아야 할 돈으로 인식하지 못한다. 그러다 부채가 쌓여가고 정권이 바뀌면 선심성 '농가부채탕감' 대상이 된다. 이렇게 '면제받는 것'에 익숙해져 습관화된 사람들이 많은 것도 사실이다.

신현아 씨는 "최근 100% 지원금도 많아졌는데 이럴수록 제대로 된 사업계획서를 쓰게 하고, '경영'의 개념을 인식하도록 가르친 후 자금 지원을 해야 한다"고 주장한다. 지금까지 농업인을 상대로 한 교육이 없었던 것은 아니지만 이 역시 '하향평준화'된 교육이었다는 게 신현아 씨의 생각이다.

"천차만별의 지식과 능력을 가진 사람들을 한 자리에 모아놓고 교육을 한다고 생각해보세요. 누군가는 배우는 게 있겠지만, 상·하위 그룹의 사람들에게는 시간낭비일 뿐이죠."

물론 농업인 한 사람 한 사람을 찾아다니며 과외를 할 수는 없는 만큼 농업인들 스스로 교
육의 필요성을 깨닫고 찾아다니는 노력이 필요하다는 점을 그는 거듭 강조했다.

신현아 대표 성공 3계명

첫 번째 공부해야 길이 보인다

농업은 사업이며, 경영지식은 필수다. 농
업은 변수가 많다. 매출 발생 시기도 일정
치 않고, 자연재해, 시장의 흐름에 따라 가
격편차도 심하다. 미리 예측하고, 규모 있
게 경영하지 않으면, 돈을 벌어도 새는 금
액이 더 많다.

두 번째 도전을 두려워하지 말자

답습된 농법으로 발전을 기대할 수 없다.
부가가치를 높인 새로운 상품이 필요하
고, 새로운 유통구조를 개발하지 않으면

안 된다. 어렵다고 위축되지 말고 도전해야 한다. 도전하지 않으면 성과도 얻을 수 없다.

세 번째 만족하라

얻는 것이 있으면 잃는 것이 있다. 지금 농촌에서 겪는 고민을 도시에서도 겪을 수 있다. 주위와 비교하고
힘들어하기보다는 자신이 정한 목표에 다가기기 위해 자신의 속도대로 걸어가는 것이다.

여성 스스로 농업을 직업으로 인식하라

동문회 일을 맡아서 하다 보니 귀농을 묻는 사람들에게 상담을 해주는 것도 내 일 중 하나다. 가장 중요한 것은 '목적의식'을 갖는 것이다. 농사를 지으며 도시에서 누리던 삶을 다 누릴 수 없다. '목표'를 얻기 위해 버릴 것이 무엇인가 명확하게 인식을 한 후 귀농계획을 세우길 바란다. '농업에 비전이 있는가' 라는 질문을 많이 받는다. 당연히 비전은 있다. 옛날에도 있었지만 단지 부각되지 않았을 뿐이다. 다만 농업에서 여성들은 직업인으로 인정받기 어려웠던 것이 사실이다. 스스로 농업을 직업이라고 인식해야 한다. 그러면 태도도 달라진다. 태도가 달라지면 가치도 달라진다.

여성농업인 희망만들기 프로젝트 **10**

영 · 유아 보육 지원
양육비 · 보육시설 확대로 '육아 지원' 나선다

농림부와 여성가족부는 농어촌의 영유아보육 지원 대상을 확대하기 위해 머리를 맞대고 있다. 농림부는 도시에 비해 열악한 농어촌의 보육여건과 농어업인의 양육비 부담을 경감시키기 위한 방안을 내놓고 있다. 농어촌지역에 거주하는 농어업인의 만5세 이하 자녀를 보육시설에 보내는 경우 영유아보육법에 의한 법정 저소득층의 연령별 정부 보육료 단가의 50% 수준(5세는 100%)을 지원하는 '농업인 영유아 양육비 지원사업' 등을 시행하고 있다. 또한, 농업인 영유아 양육비 지원 대상을 2006년부터 농지소유규모 5ha 미만 농어가로 확대하고, 보육시설을 이용하지 못하는 0~5세 자녀를 둔 농가의 보육부담을 덜어주기 위한 '여성농업인 일손 돕기 사업' 도 새로 시행한다.

'여성농업인 일손 돕기 사업' 의 지원액은 정부 보육료 지원단가의 25% 수준(5세아는 50%)이며 2007년에는 35%(5세아는 50%)로 인상할 계획이다. 이를 위한 올해 예산으로 '농업인영유아양육비' 의 경우 4백1억5천6백만 원(국비 50%, 지방비 50%)을, '여성농업인 일손 돕기 사업' 으로 4백79억2천2백만 원(국비 50%, 지방비 50%)을 확보할 예정이다. 농어촌지역 보육여건 개선을 위해서, 2006년에 농어촌지역의 국공립 보육시설 27개소를 새로 확충했다. 특히 시간연장형 보육, 농번기 보육지원 강화 등 맞춤형 보육을 도모한다.

농번기를 고려한 농어촌지역 시간연장형 보육서비스를 제공하기 위해, 시간 연장 보육교사 월 지급액의 80%(또는 100만 원)를 지원하고, 농어촌지역 등 시간연장 보육교사 500명을 운영한다. 조성은 여성가족부 공보관은 "여성농업인의 열악한 보육현실을 개선하기 위해 시간연장형 보육, 농번기 보육지원 강화 등 맞춤형 보육 지원책을 마련하고, 이를 위해 농림부와 계속 정책협조를 해 나갈 계획" 이라고 밝혔다.

안복자 대표 ∣ 1955년 광주 출생, 2001년 5월 안복자 한과 창업, 담양군 여성자원봉사자 회장, 담양
경찰서 행정발전위원회 위원, 지역사회발전 내무부장관 공로표창, 여성자원봉사활동 전남지사 공로
표창, 가공부문 신지식인 선정(2006년).
안복자 한과 ∣ 전남 담양군 창평면 의항리 소재. 2002년 농림부 전통식품인증서 획득, 2003년 품질경
영시스템 인증서 획득, 2004년 전라남도 Best5 선발대회 동상, 전004년 라남도 농특산물 한과부문 명
품 선정, 2004년 전라남도 도지사 농수특산물 품질인증서 획득, 2005년 미국식품안정청 등록, 2005
년부터 미국 수출 시작.

안 복 자 안 복 자 한 과 대 표

안복자

정직이 최고의 맛 만든다

"100% 우리 농산물로 만들어낸
맛이 특별해"

농사만 짓던 한 평범한 농촌 여성이 아이들 교육비 마련을 위해 부업을 시작했다. 일을 하면서 잠재된 그의 능력이 서서히 드러났다. 적극적인 참여의식으로 지역사회의 일꾼으로 뛰어다니고 자기개발에도 열심이더니 2001년 드디어 자기 이름을 건 사업을 시작, 이제는 미국 독일 중국 등으로 날아다니며 외국 바이어들을 만나 수출을 상담하고 있다. 말 안 통하는 덩치 큰 외국 바이어들을 만나는 것이 부담되지 않느냐는 질문에 "겁나기는커녕 흥미진진하고 재미있다"고 한다. 왜냐하면 제품에 자신이 있기 때문에.

전남 담양은 우리나라 전통 한과의 고장으로 유명한 곳. 담양군 창평면 의항리 창평 IC를 빠져나가면 한적한 농촌마을 가운데 〈안복자 한과〉가 있다. 유과, 강정, 엿강정, 대잎 약과, 매작과, 정과 등 20여 가지를 생산하고 있는 그의 공장에는 추석이나 설이면 한과를 사기 위해 찾는 이들로 인근 도로까지 막힐 정도로 손님이 줄을 서는 곳이다. 2001년 연간 2천만 원 매출로 시작하여 5년 만에 연간 매출 약 5억 원, 조만간 10억 원 매출을 목표로 하고 있다. 수출도 2005년 3만 불에서 2006년 8만 불로 뛰어올랐고 인터넷 매출도 세 배로 늘어 빠른 성장을 하고 있다.

"조마조마하게 시작했는데, 〈안복자 한과〉는 소비자가 키워준 거예요." 안복자 대표는 "이제 시작일 뿐"이라고 말한다.

고객의 입소문 타고 알려지기 시작

이름과 얼굴 건 〈안복자 한과〉 자신 있게 내놔

1980년 결혼해 광주에서 살던 안 대표는 먹고살기 힘들어 '농사나 짓자' 며 담양으로 들어왔다. 그러나 내 땅 한 뼘 없이 남의 땅 빌려 하는 농사로는 도저히 아이들 교육조차 시킬 수 없었다. 무엇이든 해보겠다고 나선 안 대표는 취업을 할 목적으로 요리를 배우기 시작했다.

"촌 여자가 무얼 할 수 있겠어요? 그래도 내가 잘 할 수 있는 것이 음식 만드는 것이니까 조리사 자격증을 따서 학교 같이 급식 하는 곳에 취직을 하려고 했죠."

일단 시작하면 어떻게든 해내는 성격이라 농사일 하면서도 열심히 공부해 드디어 조리사 자격증을 딸 수 있었다. 그러나 농사를 아주 놓을 수는 없었기 때문에 출퇴근해야 하는 정규직 취업은 어려웠다. 그는 출장 요리사를 하면서 폐백음식을 주문받아 하기 시작했다. 그런데 이것이 히트를 쳤다. 고객들로부터 호평을 받기 시작한 것이다. 원래 솜씨도 좋았지만 주문받은 것에 대해 온갖 정성을 들여 세심하고 꼼꼼하게 챙기는 것이 소문이 나 고객이 고객을 끌어주었다.

"폐백음식으로 소문이 나기 시작하자 주변에서 한과도 같이 해보라는 거예요. 친정어머니는 명절 때만 되면 한과를 만들어주셨어요. 한과 만드는 것을 늘 보면서 커왔기 때문에 낯설지 않아 잘 만들 수 있겠더라구요. 더구나 내가 만든 음식을 모두 맛있다고 칭찬을 해주던 터라 자신감도 생겼고…. 그래서 한과를 다시 정식으로 배운 거죠. 전국에 한과 잘 만든다는 곳은 모두 다 찾아다니며 배웠어요."

처음에는 폐백음식 주문하는 분들을 고객으로 한과를 만들어 팔기 시작했는데 이것이 또 입소문을 타고 주문이 늘어갔다. 2001년 5월 안 대표는 〈안복자 한과〉라는 이름으로 사업자등록을 내고 사업을 시작했다.

"담양에는 한과 제조업체가 많아요. 〈안복자 한과〉가 후발업체임에도 불구하고 이렇게 호평을 받는 것은 처음부터 지금까지 변함없이 좋은 재료만을 고집하기 때문입니다. 우리는 100% 우리나라에서 생산되는 농산물만을 쓰고 손맛을 살리는 전통방식 그대로 만들고 있어요."

맛과 품질에 대한 고집으로 소비자 마음 얻어
100% 우리 농산물, 전통 제조 방식

〈안복자 한과〉의 특징은 첫째, 재료는 완전 우리 농산물만을 쓰고 있다. 일 년에 쓰는 재료가 대충 찹쌀 200가마, 멥쌀 100가마, 참깨 들깨 각각 20~30가마. 전량 인근 농가와 계

약 재배한 유기농산물이다. 연간 약 100포 정도 사용하는 밀가루도 '우리 밀 운동본부'
와 계약하여 쓰고 있다. 튀김 기름도 유명 메이커의 최고의 제품만을 고집하고 오전에 쓴
기름을 오후에 쓰지 않는다. 또한 설탕을 쓰지 않고 조청을 직접 고아서 사용한다.

"우리 쌀과 수입쌀은 맛에서 바로 차이가 나요. 초창기 때 누가 수입쌀을 써
보라고 권해서 한 번 만들어 보았는데 소독약 냄새가 나서 다 버렸어요. 이걸
우리 애들한테 먹인다고 생각하니 안되겠더라구요. 그때부터 무조건 고집스
럽게 우리 쌀만을 쓰고 있어요. 돈도 좋지만 먹는 것은 건강을 최우선으로 생
각해야죠."

요사이 수입 곡식은 물론 한과도 튀기기만 하면 되도록 반제품으로 중국에서 수입하고 있
다. 이런 것들이 많이 유통되면 한과 전체의 신뢰도를 떨어뜨릴까 걱정이다.

둘째, 미리 만들지 않고 주문을 받고 생산에 들어 간다. 안 대표는 많은 사람들이 한과 선물을 별로 좋아하지 않는 이유가 명절 때 오래된 한과가 배달 됨으로써 찌든 냄새나 눌어붙은 한과를 전달받은 경험이 있기 때문이라는 것을 알았다. 한과는 만들어 바로 먹을 때가 가장
맛있다. 〈안복자 한과〉는 주문 생산이기 때문에 바로바로 만들어 소비자에게 배달되어
맛있고 신선하다는 평을 받을 수밖에 없다.

셋째, 기계로 만드는 것이 아니라 전통방식 그대로 일일이 수작업으로 생산된다.

"옛날 어른들 감으로 하던 방식 그대로 해야 제맛이 나요. 우리 공장에도 수분 측정기 같
은 현대 시설이 있지만 전 손 감각으로 하는 것을 더 좋아해요. 기계는 여러 가지 상황을

감안할 줄 모르잖아요. 손으로 만져보고 두께에 따라 몇 도에서 몇 시간 말리면 된다, 어느 정도에서 튀기면 된다…. 재료 성질에 따라 계절에 따라 눈으로 보고 손으로 만져 보며 하는 것이 더 정확할 때가 있어요."

〈안복자 한과〉는 만드는 데 근 한 달 정도 긴 시간이 소요된다. 우선 쌀을 물에 씻어 10~15도로 7~10일 발효시킨 뒤 빻아서 가루로 만든다. 이 가루에 콩물과 소주를 섞어 반죽하여 가마솥에 찌고 이것을 꽈리가 일어나도록 치댄 후 원하는 크기로 잘라 숙성과정을 거친 후 튀기는 것이다. 이렇게 만들어진 한과는 두텁고 속이 꽉 차 있고 씹는 맛은 부드럽다. 주문이 밀리는 명절 때는 한 달 전에 주문해야만 구입할 수 있다. 간혹 공장에 직접 가면 언제나 살 수 있겠지 하고 주문 없이 먼 곳에서 찾아오는 손님들이 있는데 물건이 없어 빈손으로 보낼 때는 정말 미안하다고 한다.

아는 사람들은 이제 "값이 얼마냐?"고 묻는 것이 아니라 "물건 있으냐?"고 묻는다.

정직으로 밀고 나간 전략, 이제 결실
노벨평화상 수상자 정상회의 만찬에 오르는 영광

〈안복자 한과〉의 모든 제품에는 안 대표의 얼굴과 이름이 박힌 스티커가 부착된다. 이는 결코 부끄럽지 않은 제품을 만들고자 하는 스스로의 다짐이다. 그는 최고의 맛과 품질을 유지하기 위하여 생산뿐 아니라 유통까지 철저하게 관리한다. 대형 백화점이나 마트에서 납품을 희망하고 있지만 현재는 우체국쇼핑과 하나로마트, 온라인을 통해 직거래만을 하고 있다. 안 대표가 직거래만을 고집하는 이유는 우선 제조공정이 일일이 수작업이 때문에 만들어내는 양에 한계가 있고 또한 중간 마진을 없애 가격을 낮추기 위해서다. 고가의 재료만을 쓰기 때문에 생산비는 몇 배 들지만 유통 마진을 줄이고 이익은 덜 내는 방식으로 일반 한과보다 그리 비싸지 않은 가격으로 팔 수 있는 것이다. 그러니 한 번 제품을 구입한 소비자는 만년 고객이 되어 버린다.

이렇게 품질 위주로 꾸려가다 보니 최근 뿌듯한 결실을 맛보기도 했다. 지난 6월 광주에서 열린 노벨평화상수상자 정상회의 만찬 때 후식으로 〈안복자 한과〉가 선정된 것이다.

"중요한 국제 행사에 내가 만든 한과가 오르고 세계적 인물들이 맛있게 드시는 것을 보고 노력한 보람이 있다 싶어 정말 기뻤어요."

철저한 품질 관리는 이제 곳곳에서 그 가치를 인정받기 시작했다. 안 대표가 무엇보다 기쁘게 생각하는 것은 학교 급식에 〈안복자 한과〉가 들어가기 시작한 것이다. 담양군의 초·중·고에 쌀엿강정과 약과를 공급하기 시작하였는데 이제는 전남 광주 지역으로 퍼지기 시작했고 지금은 타 지역에서도 문의가 온다.

"서양 음식에 익숙한 아이들의 반응이 어떨지 걱정했는데 선생님들 말씀이 인기 만점이라네요. 강정은 두 개 단위로 포장되어 있는데 아이들이 하나만 먹고 하나는 집에 가져가 엄마 드린대요. 우리 농산물로 하면 가격이 좀 높기 때문에 학교 급식에서 선정되기가 어려운데, 선택해준 선생님들에게 감사드려요. 정부에서 보조를 좀 해주어서라도 우리 아이들한테 전통음식을 자주 다양하게 먹였으면 좋겠어요. 어려서 입맛이 어른까지 계속 되잖아요. 어려서 우리 음식을 먹는 습관을 길러 주는 것이 중요할 거 같아요. 저는 우리 집 아이들한테는 어려서부터 전통적인 우리 음식을 많이 먹였는데 커서도 호박잎 같은 것을 고기보다 더 좋아하더라구요. 먹거리에 전통의 맥이 끊어지면 안돼요."

'최고의 제품이 최고의 마케팅 전략' 비즈니스 철학
미국 수출 시작으로 유럽 중국 시장 개척 나서

안 대표는 최근 수출에 관심을 돌리고 있다. 작년 전라남도에서 주선한 미국 농수산물 해외판촉단에 참가하여 처음으로 미국 시장으로 진출해 보았는데 반응이 아주 좋았던 것.

"처음 미국에 갔는데 LA에서 내 얼굴이 그려진 커다란 플랜카드를 걸어 놓고 판매를 시작했어요. 사람들이 이것도 신기해 하더라구요. 내가 직접 만든 거라고 소개하면서 판매를 시작했는데 17일간 머물면서 팔려고 준비한 물건이 하루 만에 동이 나버렸어요. 그때 못

사 가신 분들에게는 명함을 나누어 드리고 왔는데 그 분들이 지금도 주문을 하시는 거예요. 지난 9월에는 내가 못 가고 아들이 미국엘 다녀왔는데 〈안복자 한과〉가 다시 온다는 소식을 듣고 일 년 동안 기다렸다면서 서로 물건 달라고 난리였대요. 이번에 한 3만 달러 수출 계약을 하고 왔는데 이대로라면 미국 시장을 장악하지 않을까요? 하하하."

자신만만한 안 대표다. 그의 자신감은 어디서 나올까? 물론 품질이다. '최고의 마케팅은 최고의 제품'이라는 것이 그의 소신이다. 그러나 그가 오늘의 자신만만한 비즈니스 우먼으로 성장한 데에는 그의 남다른 노력이 있었다.

"명절 끝나면 바로 전국 순회 홍보에 나서는 거예요. 전국의 행사장은 빼놓지 않고 다 돌아다녔어요. 직접 시식을 시켜드리고 이 땅에서 나온 순수한 재료만으로 만들었으니 꼭 한 번 드셔 보세요… 목이 쉴 정도로 제품에 대해 설명을 하고. 5년 동안 〈안복자 한과〉를 알리기 위해 전국 안 가본 곳이 없어요."

억척스러운 홍보를 통해 자신의 제품을 알려 나갔고, 지역사회에도 열심히 참여해 지역 일꾼으로 거듭났다. 더 나은 제품을 만들기 위해 꾸준히 공부했고 컴퓨터도 배웠다. 광주에서 온 젊은 여자가 열심히 산다는 소문은 담양군 내에 퍼졌다. 지역 주

민들을 위해서라면 귀찮은 일도 마다 않고 앞장 서 나섰다. 1991년부터 명예식품위생감시원으로 활동을 시작했고 담양군 여성자원봉사회 회장, 청평면 부녀회장 등 그를 부르는 곳이 많아졌다.

2002년 농림부로부터 전 품목에 대해 전통음식 품질인증을 획득했고, '한국 전통식품 베스트 5 선발대회' 전남 예선에서 입상하기도 했다. 그리고 안 대표는 올해 가공부문 '신

지식인'으로 선정되었다. 배우고자 하는 남다른 욕망은 그를 끊임없이 더 큰 세상으로 나아가게 했고 성공의 거름이 되었다.

"별로 배운 것 없는 촌 여자가 대학에서 강의까지 했으니 출세한 거죠?"

그는 광주 서강정보대학에서 2년 동안 식품영양학과 강의를 했다. 그러나 강의 준비에 너무 시간을 뺏기는 바람에 지금은 그만두고 사업에 전념하고 있다. 이제 그렇게 지겹던 가난은 멀리 가버렸다. 내 땅도 갖게 되었고 공장도 버는 대로 한 동 한 동 늘려나가고 있다. 농사밖에 할 줄 모르던 한 농촌 여성이 대학에서 강의하고 커다란 서양 사람들 만나 당당하게 비즈니스를 할 수 있는 용기는 정직과 노력의 결실이다.

안 대표는 시장개척을 위해 지난 10월 15일 중국으로 날아갔다. 유럽 쪽 진출도 준비하고 있는데 이미 독일 월드컵 때에 대표 우리 음식으로 선을 보여 좋은 반응을 얻었다. 더구나 일 년 전부터 아들이 사업에 합세하여 젊은 감각으로 옆에서 지원해 주니 여간 든든한 게 아니다.

매출은 매년 두 배의 성장을 하고 특히 온라인 판매는 금년 세 배 성장을 하였다. 또한 신제품 개발에도 게을리 하지 않고 젊은이들을 대상으로 하는 초콜릿 한과, 카레 한과 등을 시험해보고 있으며 대나무잎 분말을 이용한 웰빙 한과도 개발했다. 그러나 양을 늘리는 것보다 지금까지의 좋은 평을 끝까지 유지하는 것이 더 중요하다고 말한다. 농사만 지었다면 묻혀버렸을지도 모르는 잠재된 능력은 아직 반도 못 편 듯이 보인다. 추진력, 아이디어, 사회성 등을 고루 갖춘 안 대표는 사업가 기질을 타고 났다. 그러나 그의 말대로 '이제 시작일 뿐'이다. 그는 오늘도 끝없이 펼쳐진 블루오션을 본다.

안복자 대표 성공 4계명

첫 번째 정직을 최고 덕목으로 삼아라

누구라도 싼 재료로 큰 이익을 남기고자 하는 유혹을 받는다. 그러나 당장 눈앞에 이익에 넘어간다면 결코 성공할 수 없다. 늘 내 가족이 먹는 것이라 생각하면 눈가림 속임수는 쓰지 않을 것이다. 사업은 정직이 최고의 투자다.

두 번째 한 번 고객은 영원한 고객으로 만들라

재료 구입부터 제품이 완성되어 고객의 손에 도달할 때까지 성의와 책임감을 갖고 임해야 한다. 입소문으로 퍼지는 홍보야말로 제품을 알리는 데 지름길이다.

세 번째 적극적 홍보 전략을 세워라

후발업체일수록 발로 뛰는 홍보가 필요하다. 아무리 좋은 재료로 잘 만든 것이라도 소비자 손이 닿지 않으면 소용없다. 특히 음식은 먹어본 사람이 또 찾는 경우가 많다. 그리고 인터넷과 같은 새로운 매체도 적극 활용할 필요가 있다.

네 번째 양적 성장보다는 내적 성장에 충실해라

양적 성장에 너무 매달리다 보면 질에서 소홀해질 수 있다. 과도한 욕심 없이 차근차근 단계를 밟아 올라가는 것이 좋다.

정직한 기술은 성공을 부른다

모든 일이 다 그렇겠지만 특히 먹거리를 만드는 사람은 정직이 최우선이다. 늘 내 가족이 먹는 것이라 생각하고 제품을 만들어야 한다. 요사이 중국에서 싼 재료들이 많이 들어오고 있다. 한과도 반제품으로 수입되는 것이 많은데, 원가가 적게 들기 때문에 이를 이용하는 한과업자들도 있다. 그러나 원가를 낮추어 단기적으로는 이익이 나는 것 같겠지만 맛이나 품질에서 차이가 많기 때문에 장기적으로 한과 전체의 신뢰도를 떨어뜨려 업계 전체에 마이너스가 되어 돌아온다. 소비자들이 신뢰를 얻으면 보상은 따라오게 되어 있다. 눈앞의 작은 이익에 넘어가지 말고 정직과 기술로 승부를 건다면 좋은 결과를 반드시 얻을 것이다.

여성농업인 희망만들기 프로젝트 **11**

여성농업인의 노동부담을 줄인다
작고, 가볍고, 편하게 작동되는 여성용 농기계 개발

농촌의 핵심인력층으로 부상한 여성농업인. 이들의 노동생산성을 높이면서 동시에 노동부담을 완화시키기 위한 여성용 농기계 개발에 정부가 투자한다.

영농형태가 벼농사 위주에서 원예·화훼 등 밭작물로 변화하면서 여성농업인의 영농활동 참여도는 계속 증가추세에 있다. 벼농사가 차지하는 영농비중은 지난 1990년 69.7%에서 2004년 51.5%로 감소한 반면 여성농업인의 노동이 많이 필요한 과수, 채소, 화훼 부문은 같은 시기 16.1%에서 04년 33%로 크게 증가했다.

그러나 기존 농기계는 남성용으로 개발되어 크기 및 중량에 있어 여성이 사용하기 어렵고, 여성노동이 집약되는 농사에 필요한 농기계 및 시설은 개발 자체가 되지 않은 것이 많다. 조사결과 여성의 81%가 트렉터의 클러치 페달 조작을 힘들어 하고 있는 것으로 나타났다.

또 여성농업인들은 밭작물용 농기계와 선별기 등 수확 후 작업기계 등은 소형·경량화에 대한 요구도 높았다. 그러나 농기계 생산업체는 '수요가 적어 수지타산이 맞지 않는다'는 이유로 개발을 미루고 있는 상태.

농림부는 2010년까지 밭농사용 농업기계, 자동화·로봇화 기계, 시설원예 자동화 기술, 원예작물 산지처리기 등 총 63기종의 농기계 개발연구를 진행 중이며, 개발 시 공모방식을 도입할 예정이다. 또 농기계 개발 현장 적응시험, 현장 평가회에 여성농업인 참여를 적극 유도할 방침이다.

문의 농업진흥청 농업공학연구소 (031-290-1800)

이정옥 대표 | 1978년 결혼과 함께 농사 시작, 1980년부터 농민운동 시작, 1990년 전여농 초대회장, 2002년 새농민상, 2004년 신지식농업인장, 현재, 무안팔방미인정보화마을 위원장, 농림부여성정책 자문위원, 전남 친환경농업 심의위원
행복한고구마 | 대표 브랜드인 '행복한고구마' 를 약 4만평, 배추, 무, 당근, 참깨, 쌀 등 1만5천 평 등 전 면적을 유기재배와 전환기유기재배로 친환경농업을 실천하고 있으며 이를 연중 유기농산물 유통업 체와 직거래로 판매하고 있다.

이 정 옥 행 복 한 고 구 마 내 포

이정옥

원하고, 꿈꾸고, 행복한 일을
하다 보면 좋은 결과가 올 것

"미래의 농업에 희망을 발견하다"

고구마가 행복하단다. 2006년 가을, 한미FTA 협상 소식으로 농민들의 한숨소리는 깊어만 가는데, 난데없이 나타나 행복해하며 미소 짓는 고구마가 있다. 행복한 고구마를 재배하는 사람은 얼마나 행복한 사람일까. 그리고 고구마에게 행복한 에너지를 어떻게 전해주었을까.

"남편은 이미 실천하고 있었어요. 그런데 저는 전여농 활동을 마친 뒤에야 적극적으로 함께했어요. 지금이야 친환경농법이나 유기농법이 보편화됐지만, 당시만 해도 개척자나 다름없었어요. 그래서 정말 고생도 많이 했습니다."

전남 무안군 현경면 용정리에 사는 이정옥 〈행복한 고구마〉 (www.seaterfarm.com) 대표의 말이다. 까무잡잡하게 검게 그을린 피부가 영락없는 '여성농업인' 이다. 한편으로 작고 느릿느릿한 말씨는 '성공한 여성경영인' 의 면모다. 입가에 행복한 미소를 지을 때야 비로소 〈행복한 고구마〉 대표라는 것을 눈치 챌 수 있다.

5만 평 농지에 연 매출 5억 원이 족히 넘는 유한회사의 부부 공동 CEO 김용주, 이정옥 씨. 이 씨는 구황작물 정도쯤으로 여겨졌던 고구마를 일약 스타덤에 올려놓은 유능한 매니쯤 된다.

이정옥 대표의 이른바 '인생 스토리' 는 이렇다. 사랑에 눈멀어 남편 따라 '농사에 올인' 했고, 이어 농민운동에도 뛰어들었다. 이 씨는 농민운동사에 길이 남을만한 사건의 주인공이기도 하다. 여성농업인으로서 '1988년 고추파동' 때 과격한 농민시위를 주도한 것이다. 전국여성농민회총연합 초대 회장을 지낸 그는 이후, 농민운동의 화두를 '친환경 농업' 으로 던진 뒤 유기농 사업에 전념, 마침내 성공한 여성농업인 CEO로 거듭난다.

운명 같은 남편 만나, 투사로 변신
'을유농지세' 반대 운동에서 고추싸움까지

전남 무안에서 태어난 이 씨는 목포 중 · 고등학교를 졸업하고 서울에서 평범한 직장생활을 했다. 딸과 함께 지내고 싶다는 소박한 꿈을 지닌 엄마의 희망에 따라 고향에 내려간

이 씨는 동네에 있는 작은 교회를 다니다가 3개월 만에 운명과도 같은 사랑의 감정을 전해준 김용주 씨를 만나게 되었다.

"한 마을에서 1년 선배인 남편은 어릴 때부터 알고 있던 사람이었지요. 제가 교회에 나가기 시작한 지 3개월쯤에 제대를 한 남편이 곧바로 교회에 온 것이지요. 그이는 모태신앙이라 어머니 뱃속에서부터 교회를 다닌 사람이니까요. 지금도 문을 열고 들어서는 모습이 눈에 선해요. 처음 본 듯 우리는 사랑에 빠졌습니다. 남편이 워낙 농사짓는 것을 좋아해서, 저도 남편과 함께 농사를 짓게 된 거예요. 그리고 남편이 기독교농민회 활동을 해서 저도 기독교농민회 활동에 동참하게 되었구요."

제 아무리 애인을 사랑한다고 하더라도, 농사 한번 지어보지 않은 처녀가 그 어렵다는 농사를 업으로 삼게 된 것이 쉽지 않은 결심이라는 추론은 뻔하다.

결혼을 반대한 부모님의 낯을 피해 잠시 서울 생활을 한 것이 오히려 평생 농사를 짓고 살게 된 원동력이 되었다. 아이를 낳기 위해 다시 내려왔을 때 남편은 무척 행복해 보였고 농사짓는 모습은 멋져 보였다. 서울에서는 늘 어두운 얼굴이었던 남편이 기운을 차리니 살맛이 났다.

남편은 기독교농민회 교육을 받으면서 "미국 놈들은 나쁘다"는 말을 거침없이 하곤 했다. 이 씨는 "어이구, 당신은 무슨 그런 교육을 받아요?"하며 반대했다. 그러던 이 씨가 마을의 을류농지세 싸움에서 일어난 부당한 군의 처사에 자극을 받아 애를 업고 이화여대에서 하는 농민교육을 받으러 서울로 올라갔다. 이후 이 씨는 남편의 뒤를 이어 농민운동가로 변신한다. 옛날이야기를 꺼내는 이 씨의 느긋한 웃음 뒤엔 젊은 시절 용감하고 당찬 모습의 흔적이 배어난다.

"농민운동하면서 어려운 일도 참 많았어요. 1980년 광주항쟁 때 함평고구마사건 기념대회에 참석한 남편이 행방불명되었다가 25일 시민군의 무기교환 때 나왔어요. 머리를 쇠방망이로 맞았는데 피를 너무 많이 흘려 31사단에 끌려갔다가 통합병원으로 옮겨졌지요. 그런 줄도 모르고 우리 어머니는 광주까지 걸어가서서 병원마다 찾아 다녔답니다. 저는 아이가 있어서 무안까지만 같이 가고 어머니 혼자 보냈어요. 남편이 다시 살아 돌아온 날엔 온 동네에서 잔치를 벌였답니다. 그 이후로도 남편은 또 한 차례 곤욕을 치렀는데 목포교도소에서 70일간 구류를 살았습니다. 저에게도 남편에게도 1980년대는 그렇게 투사로 살게 했습니다."

아이를 셋이나 낳은 농촌 아줌마가 의식화가 되어가는 과정이 눈에 그려진다.

싸움도 농사도 열정적으로
눈총 받으며 시작한 유기농 재배에 몰두

이 씨는 1988년 고추파동 때 싸움을 이렇게 기억한다.

"1988년 고추파동 싸움… 큼직한 싸움에 '이념' 같은 그런 거창한 건 문제가 되지 않습니

다. 마을 교육을 많이 다녔는데, 사람들은 폭삭 내려앉은 고추가격을 800원에서 2,000원으로 올려 받을 것을 원했습니다. 그래서 그 일을 주도한 것뿐인데, 갑자기 제가 투사로 불리게 되었습니다. 전국단위로 행동하는 사람이 되었고, 전농 여성위원회와 여성위원장, 그리고 전국여농성농민회 초대회장까지 하게 되었습니다."

농민운동사에 한 획을 그을만한 '여전사' 였던 이 씨가 최첨단 농업분야인 유기농에 관심

을 갖게 된 사연이 궁금했다. 지금이야 유기농이 보편화된 농업 '키워드' 지만, 1980년대엔 유기농은 낯선 방식에 지나지 않았다.

"1985년부터 남편이 유기농을 시작하자고 했는데 그때는 자신이 없었어요. 그래도 남편은 퇴비 만들기부터 깻묵액비나 청초액비를 만들어 유기농을 시작했지요. 제가 적극적으로 관심을 갖게 된 것은 1989년에 농약중독이 되고나서였습니다. 제가 여농 활동을 마치고 10년간 유기농에 몰두한 계기가 됐지요. 점차 유기농에 자신이 생기면서 농업도 이제는 소비자에게 맞춰야 한다는 생각을 했어요."

농사를 시작하게 된 계기도, 농민운동에 뛰어들게 된 사연도, 그리고 유기농을 시작하게 된 동기도 남편 때문이었다. 남편이 늘 행복해 하며 하기에 덩달아 하게 된 것이다.

결혼 초 이 씨 부부는 양파, 마늘, 콩, 고구마를 키웠다. 특히 마늘을 중점적으로 재배했는

데 가격변동이 심했다. 마늘 가격폭락이 3년째 지속되자 그때까지 믿고 재배했던 마늘을 작목 전환해야겠다는 자각이 들었다. 유기농업교육을 다니며 만났던 분들이 대부분 포도 농사를 권유해서 집 앞 비닐하우스에 포도농사를 지어보기도 했지만 자연스럽게 고구마가 대표품목이 되었다.

고구마로 작목 전환을 하고 나서 어분, 깻묵, 쌀겨, 숯 등 나름의 노하우로 비율을 맞춘 자

가 발효퇴비도 만들었다. 유기질 퇴비를 먹고 자란 고구마는 맛있고 안전하여 소비자의 호응을 얻기 시작했다. 그 결과 재배면적도 꾸준히 넓혀 갈 수 있었다.

〈행복한 고구마〉의 재배면적은 주변 다섯 유기농가의 면적까지 합하면 20만 평이 넘는다. 맨 처음 시작할 때는 같이하자는 말에 동조하는 사람이 없었지만 점차 같이하는 사람이 늘어나면서 마을 전체가 친환경마을이 되었다.

"오늘의 〈행복한 고구마〉에 감사해야 할 분이 두 분이 있는데 김재식 전 전남도지사와 남상도 목사님입니다. 김 전 지사님은 일본에서 아는 사람을 통해 새 고구마 품종 〈수〉를 남상도 목사님을 통해 전해주셨는데, 마침 먼저 하고 있던 품종이 바이러스에 감염되어 대체할 수 있는 종자가 필요할 때였지요. 남상도 목사님은 농민운동을 같이했고 유기농업과 유통, 황토집, 예술자연농업에 이르기까지 늘 앞장서서 이끌어준 분입니다. 같은 세대를 살아가는 친구인 동시에 존경하는 스승입니다."

"엄마는 힐러리 같아요"
딸들의 평가에 힘 솟아

억척스러운 농군의 아내이자 여장부인 이 씨의 자녀 교육법이 궁금했다.

"저는 애들한테 공부를 강요하지 않고 그냥 자연스럽게 키웠어요. 큰딸은 플로리스트를 공부했는데 계속 공부하고 싶어 해요. 둘째 딸은 연세대 대학원에서 기후를 전공하고 있고요. 막내아들은 간디학교를 나왔는데, 지금은 군대에 있어요. 제대가 얼마 남지 않았는데 목공예를 배우고 싶대요."

이 씨는 최근 읽었다는 책, 스펜서 존슨의 '선택'의 한 토막을 들려준다.

"스펜서 존슨의 '선택'을 읽었는데, 책 내용은 대략 이렇습니다. 원하는 일이 있다면, 먼저 범위를 생각하고, 그것이 필요한 일인가를 생각하며, 긍정적인 선택을 하라는 것이죠. 근데, 저는 스펜서 존슨의 충고와는 조금 다른 방식으로 선택하는 스타일이에요. 원하고, 꿈꾸고, 행복한 일을 하다보니까 결과적

앞에서 말한 '선택'에 대한 이야기를 바로 자신의 인생에 적용해서 이 씨는 다시 이야기를 풀어간다.

"농사에 '농' 자도 몰랐어요. 남편이 좋아하는 일이니까, 저도 하고 싶은 거예요. 결혼이라는 잣대 역시 이미 성공한 사람이라는 잣대로 선택을 하면, 재미가 없을 것 같아요. 제 남편의 경운, 성품으로 느껴졌어요. '빛'이었어요. 느낌 자체가 바로 '빛'이었어요."

우와, 인터뷰를 하면서 탄성이 절로 나왔다. 며칠 전 미국에서 살고 있는 큰딸이 이 씨에게 최고의 찬사를 했다며,

멋쩍은 듯 자랑을 늘어놓는다.

"큰딸이 얼마 전 힐러리가 쓴 책을 봤대요. 힐러리의 첫사랑이 지금 주유소 사장인데, 어느 기자가 힐러리에게 '당신이 만약 그분하고 결혼을 했다면 주유소 사장 부인이 되었겠네

요? 하고 물었대요. 그랬더니 힐러리는 '아니요. 그분이 대통령이 되었겠지요'라고 답했다더군요." 이어서 큰딸이 이 씨에게 "엄마의 삶이 힐러리의 삶 같다"는 얘길 했단다. 이 씨는 "아마도 딸에게 듣는 인생 최고의 칭찬일 것 같다"며 행복한 웃음을 지었다.

이 씨는 더불어 "우리 가족은 서로 믿고 있어요"라고 말한다. "한 달에 한 번 전화해도 서운하지 않은 관계"라고 덧붙인다. 언젠가 마을에서 김치를 해서 서울로 보내는 다른 엄마들을 보고 작은딸에게 "미안하다. 무심해서"라고 전화를 했더니, 딸이 "무심한 엄마가 아니라, 바쁜 엄마지요"라고 따뜻한 마음을 전했다는 것.

시골 농군의 아낙네 시집살이 역시 녹록치 않았다. 1979년 당시 친정집에서는 결혼을 반대했다. 이유는 한마을 사람이었기 때문이었다. 가족끼리 서로 잘 아는 사이인지라 건강

하지 못한 딸이 어려운 농사일을 잘 해낼 수 없다고 생각했기 때문이다. 그러나 이 씨는 친정에서 반대했던 건강도 농사를 지으며 오히려 좋아졌을 뿐만 아니라 어려웠던 시어머니에 대해서도 "우리 시어머니의 수련이 없었다면, 지금의 제가 없을 거예요"라고 회고한다.

"판소리에서 득음을 하려면 고된 수련을 하잖아요. 우리 어머니를 통해서 농사꾼으로서 강하게 일어설 수 있게 되었으니, 어머님은 제겐 그런 수련을 하게 해주신 선생님인 셈이죠."

시집살이의 고단함을 득음의 경지에 이르기 위한 수련의 과정으로 여길 정도이니, 이쯤 되면 이 씨의 이런 삶의 태도에 대해 경탄을 보내지 않을 수 없다. "지금은 어머니가 저를 인정하고 믿어주십니다."

이 씨는 지금도 남편을 생각하면 설렌다. 그래서 남편 역시 자식들이 애인이 생겼다고 할 때 "너희 마음이 설레니?" 하고 묻는다며 웃는다.

〈행복한 고구마〉 브랜드로 탄생하다
고구마 축제로 1석 2조의 효과를 얻어

이 씨는 올 봄에 〈농업회사법인〉을 설립했다. 〈행복한 고구마〉라는 브랜드 이름을 사용한 유한회사다. 생산, 유통, 가공, 문화, 체험을 점차 통합해서 농업이 갖는 기능을 다양화할 생각이란다. 그런 일을 수행할 수 있도록 브랜드 컨설팅을 하였고 정보화구축시스템을 진행 중이다.

"우리 농장에서 머물게 되면 편안함을 느끼고 마음과 몸이 치유되게 하고 싶습니다. 그렇게 하려면 어떻게 해야 할지 지금 궁리하고 있습니다. 우리 지역에 있는 자원을 활용할 생각입니다. 먼저, 황토집을 지어보았어요. 우리가 궁극적으로 추구하는 것은 믿음의 관계입니다. 그래야 농민도 맘 놓고 농사를 지을 수 있기 때문이지요."

2004년엔 자체적으로 고구마 축제도 열었다. 농장 방문을 원하는 소비자들을 초청해 '작은음악회'를 연 것이다. 고구마 축제로 마을의 신과 흥을 돋우고, 친환경 유기인증 고구마 생산단지임을 과시하는 1석 2조의 효과를 얻었던 이 씨는 2회 축제는 마을 축제로 확장시켰다. 올 겨울에는 군고구마 축제로 열 계획이라니… 벌써 입안에 군침이 가득 돈다.

이정옥 대표 성공 5계명

첫 번째 스스로 행복한 고구마가 돼라

좋은 환경, 좋은 재료, 정성스런 손길이 만들어내는 '행복한 고구마'라는 것을 명심한다.

두 번째 나는 프로다

농업이 갖는 여러 가지(생산, 유통, 마케팅, 경영, 예술, 건강, 과학, 영성)의미를 농장운영에 접목하여 소비자와 고구마가 행복하게 한다.

세 번째 다시 태어나도 나는 농사를 짓는다

못 다 한 일들이 자식으로 이어져서 더 깊고 크게 성장하고 발전하기를 바라는 마음으로.

네 번째 아는 것이 힘이다

농업에서도 아는 것이 힘이다. 늘 공부하고, 늘 새로운 지식을 습득하려고 노력해야 한다.

다섯 번째 나는 어머니다

아이들에게도 고구마에게도 소비자들에게도 어머니로 만난다. 그리고 가정을 가장 소중히 여긴다.

지금은 모든 업종에서 프로정신이 요구된다. 생산에서 유통, 마케팅 그리고 경영수업을 받는 지금은 미래의 농업에 희망을 발견한다. 무엇을 하든 자기가 하는 일이 즐겁고 행복하여 몰두할 수 있으면 성공하리라 생각한다.

누구든지 자기의 역량과 재능대로 농업을 다른 각도로 바라볼 수 있고, 이것이 농업의 진화로운 발전에 기여하리라고 본다. 그러나 자기농장에서 하는 대표 품목을 생산하는 것에서 노하우를 발견할 때까지 몰두해야 한다. 튼튼한 뿌리를 내리는 시기가 꼭 필요하기 때문이다. 그래서 자기만의 상품을 만들고 힘을 불어 넣었을 때 자연스럽게 돈도 성공도 따라온다. 지금보다 더 적극적으로 내 농사에 개입하고 일의 영역을 넓혀 나가면 여성의 시각, 어머니의 마음이 많은 것을 발견하게 되리라고 생각한다.

여성농업인 희망만들기 프로젝트 12

취약 농가 영농 · 가사도우미 지원
고령 · 취약 농가에 인력 지원, 정부 70% 부담한다

여성농업인의 농업활동 지원을 위한 현실적 지원이라고 할 수 있는 제도가 바로 출산 및 육아를 돕는 보육지원을 비롯한 고령 · 취약 농가에 대한 가사지원이라고 할 수 있다.

농림부는 도시 · 농촌의 유휴인력(은퇴자, 자원봉사자, 주부 등)을 파악해 데이터베이스화 하고, 사고발생 농가 및 고령 취약 농가와 상호 연계해 필요 농가에 인력을 지원한다.

■ 사고발생 농가 지원

73세 이하 농업인(18세 이상, 3ha 미만)이 사고를 당할 경우 영농도우미를 지원한다. 최대 10일간 농촌 남녀 평균임금의 70%(35만 원)를 지원받을 수 있고 나머지는 본인이 부담한다. 영농도우미를 원하는 농업인은 이장이나 통장의 확인을 받아 지원신청서를 지역 농업에 제출하면 된다. 지역 농업에서 지원 대상자를 검토 확정하며, 영농도우미의 통장계좌로 지원금이 입금된다.

■ 고령 · 취약 농가 지원

65세 이상 고령 단독 농가 및 편조손 농가 그리고 사고발생으로 1개월 이상 가사활동이 어려운 고령 · 취약 농가에 청소, 세탁 등을 돕는 가사도우미가 지원된다. 가사도우미는 지역농협에서 관내 고령 취약 농가에 대한 실태조사를 한 뒤 필요한 기간 정기적으로 자원봉사자 등이 방문해 가사일을 돕게 된다. 현재 각 지역 농협에서 취약 농가 관리대장을 작성해 지원 사항을 관리하고 있다.

문의 농림부 여성정책과(02-500-1607)

임덕규 대표 | 1998~2000년 전북여성농민회연합 정책부장. 2000~2003년 APWLD(아시아태평양 여성, 법, 개발에 관한 포럼) 여성농민분과위원회 위원. 2002~2004년 전북여성농민회연합 사무처장. 2002년 농림부 장관 표창. 2004년 여성가족부 '농업인력육성 정책의 성별영향평가' 공동연구원. 2005년 부인교육장상 표창. 현 전국여성농업인센터협의회 사무국장. 부안군 여성농민회 부회장.

임 덕 규 전북부안여성농업인센터 대표

녹색 꿈 안고 둥지 튼 지 16년,
해야 할 일 신념 하나로 버텨

"여성이 기피하는 것
'농업이 아닌 가부장적 농촌사회
양성평등 문화, 전문교육 시급"

산, 들, 바다 그리고 넉넉한 농민의 품성까지 배어있는 곳이니 그저 부지런하기만 하면 먹고살 수 있다는 땅 전북 부안. 이 같은 소문이 솔솔 전국으로 퍼져나갔는지 부안에는 도시에서 귀농하고자 찾아오는 외지 사람들이 많은 것이 특징이다.

이곳 부안에서 여성농업인센터를 운영하는 임덕규 대표 역시 도시 출신이다. 16년 전 '농민운동'을 하겠다며 당찬 포부를 갖고 농촌으로 들어왔지만, 그는 정작 '농민이 되는 법'을 배우며 행복을 자신의 삶 속에 받아들였다.

농사를 잠시 미뤄두고 여성농업인과 아이을 위한 '여성농업인센터' 개소로 지역의 신뢰를 얻어 "100% 순도 높은 농민이 되겠다"는 그의 노력은 개인의 삶에만 머물지 않는다. "지역민으로서 여성농업인들의 삶의 질을 높여가는 과정에 보탬이 되고 싶다"는 임 소장. 그는 처음 이곳에 왔을 때를 잊지 못한다. 20대 도시 여성이 농사를 짓겠다는데 선뜻 일자리를 건네 준 이곳 농민들이 없었다면 그는 '농민'이 될 수 없었기 때문이다.

어린이집, 방과후 공부방, 여성농업인 상담센터, 이주여성 교육을 비롯해 도농교류사업까지 도맡고 있는 여성농업인센터의 업무가 결코 쉬운 것은 아니지만 발전의 가능성을 믿기에 주 7일 근무하는 현재의 삶이 보람차기만 하다.

수배자의 몸으로 찾아온 부안에서 농민으로 거듭나기
운동하겠다고 찾은 곳에서 생활인으로 자리 잡아

"왜 부안을 선택했냐구요? 이유는 간단해요. 수배자는 도망다닐 때 절대 연고가 있는 곳으로는 가지 않는다는 것이 철칙이죠. 부안은 저와 어떤 관계도 없는 곳이었거든요."

서울대 영문학과 86학번 임덕규 대표의 이력은 귀가 솔깃할 만큼 드라마틱하다. 1980년대 대학문화를 주도했던 '학생운동'은 얌전한 모범생을 '투사'로 변화시켰다. 대학 1학년 때 '건대항쟁'으로 구속되면서 그의 부모는 착하고 모범적인 딸이 학생운동을 한다는 사실을 TV를 통해 알았다고 한다. 이후 대학 3학년 때 총학생회 농민분과장을 맡을 정도로 열정적이었던 임 소장은 전대협 농민분과장을 지내면서 수배자의 명단에 올랐다.

학생운동을 하며 농촌에서 살겠다고 결심했다는 임 대표의 꿈은 농촌에서 진정한 농민운동을 하는 것이었다. 그러나 그는 부안에 온 후 도시 엘리트의 눈이 아닌 농민의 눈으로 농촌을 생각하고 바라보게 되면서 말 그대로 농민으로 변모해갔다.

임 대표가 처음 시작한 일은 '누에치기' 였다. 벌레라면 지독히도 싫어하던 그였지만 부안 여성농민회장이 어렵사리 준 '기회' 였으므로 일단 부딪치기로 마음먹은 것이다. 그리고 그는 정말 신비로운 경험을 하게 되었다.

"꼬물꼬물 움직이는 누에가 그렇게 예쁘더라구요. 그때 깨달았죠. 농업은 '생명을 키우는 직업이며, 세상에서 가장 아름다운 직업이구나' 라구요."

임 대표의 농업에 대한 자부심은 대단하다. "인생을 살면서 실패와 배신은 피해갈 수 없다고들 말하지만 농업은 뿌리고 노력한 만큼 얻는 정직한 직업"이기에 자신의 선택이 옳았다고 믿는다.

'독한 여자' 별칭 달고 진짜 농사꾼으로 태어나
친환경 농사로 희망찾기 나서

임 대표는 부안에 내려온 다음 해 같은 학교 동기생이었던 남편 유재흠 씨와 결혼했다. 그리고 부안에서 살기를 고집하는 임 대표의 뜻에 따라 남편은 고향 춘천이 아닌 이곳 부안에서 농사꾼의 삶을 시작했다. 연고도 없는 낯선 지방에서 그의 남편이 처음 찾은 일거리는 정미소에서 탈곡한 쌀을 지어 나르는 일이었다. 다행히도 농촌에는 '젊은 힘' 을 필요로 하는 일거리가 많았고, 덕분에 먹고사는 데 큰 어려움은 없었다.

그러나 중요한 것은 지역 주민들의 신뢰를 얻고 땅에 뿌리를 내리는 일이었다. 금방 친해질 수 있으리라 생각했는데 이웃들은 '언젠가 떠날 도시 사람들' 이란 색안경을 쉽게 벗지 않았다. 섭섭함보다는 그냥 열심히 살면 이웃으로 받아줄 것이라는 믿음으로 농사에 빠져들었다. "농사가 얼마나 재미있던지 무밭 12마지기(2,400평)를 혼자 다 메었다"는 임 대표. 이런 그를 보며 이웃들은 "정말 독하다"고 혀를 내두르면서도 그를 차츰 '농민' 으로

여성농사꾼의 유쾌한 성공이야기 | 임덕규 전북부안여성농업인센터 대표

인정하기 시작했다. 그동안 벼와 콩, 보리, 밀 등 논밭농사를 다 해본 임 대표 부부는 현재 다른 농민들과 함께 200ha가량의 논에서 5년째 친환경 벼 재배 농법을 실현하는 데 힘쓰고 있다.

깨끗한 물에만 살면서 벼의 해충까지 잡아먹는 '우렁이를 이용한 농법'에 부안의 80여 농가가 참가하고 있는데, 그의 남편 유씨는 재배에서 판매까지 행정적 업무를 모두 맡아서 처리한다. 때문에 새벽에도 불쑥 들이닥쳐 '급한 민원'을 전하는 이웃이 적지 않지만 그들의 방문이 낯설지 않을 정도로 그에겐 농사꾼의 마음과 생활이 배어있다.

2002년 여성농업인센터를 시작하면서 직접 농사를 짓지 않고 있는 것이 가장 아쉽다는 임 대표는 텃밭에서 고추, 참외, 상추, 방울토마토 등을 재배해 센터 어린이집 아이들의 먹거리로 내놓는 것이 위안이다.

여성들이 기피하는 것은 농업이 아닌 가부장적 농촌사회

양성평등한 분위기 확산과 여성농업인에게 전문교육 필요 강조

농촌사회에서 여성으로 생활하는 것은 결코 쉽지 않다는 것을 그는 체험을 통해 알고 있다. 임 대표의 남편이 자연스럽게 설거지를 하고, 아이들을 돌보는 것을 두고 주민들은 '이상한 여자가 이사왔다'며 눈총을 주기 일쑤였다. 그는 "여성들이 기피하는 것은 농업이 아닌 농촌사회"라고 단언한다.

농촌에서 여성의 역할은 매우 중요하다. 농업은 남성의 힘과 여성의 섬세함이 함께 어우러져야 가능하다. 농업의 상당부분이 기계화 되면서 남성들에게 농업은 상대적으로 쉬워졌다. 반면 농업에 부가가치를 높이는 작업들이 진행되고, 쌀이 아닌 특작물 재배 농가가 늘면서 오히려 여성의 역할은 더 커졌다. 포장에서 제품 선별까지 여성이 관여하는 과정이 더 늘어났기 때문이다. 그러나 책임과 의무는 증가했어도 권리는 제자리걸음이다.

농업의 생산 형태는 대부분 가족형이다. 이 경우 수매 대금은 집안의 가장 어른 즉 시아버지에게로 간다. 부부농업에서는 당연히 남편에게 수입이 집중된다. 토지 소유권이 남편에게 있기 때문이다. 하지만 남성은 물론이고 여성들도 문제를 제기하지 않는다.
"아직도 평등부부 얘기만 꺼내도 과민반응을 보이는 사람들이 대부분"이라는 임 대표는 "농촌에 양성평등적 분위기가 확산된다면 여성들은 농촌에서 자신의 '비전'을 찾을 수 있고, 농촌은 '여성'이라는 인력을 확보하게 될 것"이라고 말한다.

더불어 그는 여성농업인을 전문인력으로 양성하는 교육에 보다 많은 투자가 이뤄져야 한다고 강조한다. 임 대표는 "여성들의 경우 1년에 2박 3일 정도의 교육프로그램에 참가하기도 어렵다는 현실을 바탕으로 교육프로그램을 마련해야 한다"고 주문하는 동시에 "모든 교육장에는 아이들을 맡길 수 있는 시설도 갖춰야 한다"고 덧붙였다.

여성농업인 5명이 시작한 여성농업인센터
보육시설이자 공부방, 상담센터, 아이들의 사교 놀이터

'여성농업인센터'를 세우는 일은 그에게 또 지역 여성들에게는 매우 절실한 일이었다. 부부가 함께 일하는 것이 농사의 특성인지라 엄마와 아빠가 논과 밭에 나가있는 동안 아이들을 봐줄 곳이 필요한 것은 물론이고, 부부·고부갈등의 어려움을 풀어놓을 상담기관 그리고 커뮤니티를 통한 정보교환과 교육 어느 것 하나 필요하지 않은 것이 없었다.
정부의 지원을 받을 수 있다는 말에 임 대표는 좋아하는 '농사'도 잠시 미뤄두고 센터 건립에 몰두했다. 정부지원만 받으면 될 것이라며 무작정 시작했는데 일은 처음부터 간단하지 않았다. 2002년 4월 센터를 개설했는데 정작 지원은 9월부터 가능했다. 시설에 대한 지원은 없었기 때문에 공간을 마련하는 것 등 세세한 모든 일이 그의 책임으로 돌아왔다.
"나를 비롯해 당시 센터 건립을 위해 참여했던 여성들 5명이 모두 빚을 얻어 돈을 마련하고, 정식 지원이 되기까지 자원봉사를 해야 했어요. 그러다보니 한두 명씩 손을 들고 나가더군요. 지금은 그때 고생을 같이 했던 사람들은 없어요"라는 그의 얼굴에 아쉬움과 미안

함이 잠시 스쳤다.

그래도 센터는 지역민들에게 점차 신뢰를 얻어갔다. 특히 근방 3개 면의 아이들이 이용하는 어린이집, 방과후 교실은 가장 인기 있는 프로그램이다. 낡은 건물에 첨단 시설도 없지만 아이들을 정성으로 보살피는 7명의 교사가 상근하고 있고, 읍내에서 영어교사를 초빙해 아이들 학습도 도와준다. 센터는 철저히 지역주민의 입장에서 운영되어야 한다는 그의 고집이 통한 것일까. 지역주민들은 이제 센터를 '꼭 필요한 시설'로 꼽고 있고, 아이들은 "학교는 안가도 공부방만큼은 절대 빼먹지 않는다"고 말할 정도로 인기가 높다.

이 같은 평가에 대해 임 대표는 "지원비용은 적은데 자꾸 욕심을 내니 교사들을 위한 복지는 전혀 신경 쓰지 못하는 것이 못내 마음에 걸린다"고 답을 대신했다. 의미와 보람만으로 일할 수 있는 시대는 이미 지났다는 사실을 알면서도 교사들의 헌신을 요구하는 것 같아 마음 한 켠에 늘 미안함이 있기 때문이다. 자부담 15%를 포함한 예산총액이 많지 않아 사업규모가 커질수록 오히려 재정이 더 어려워지는 것이 아이러니한 여성농업인센터의 현실이다. 그는 향후 센터를 지역 여성농업인들이 주축이 되어 자발적으로 참여하고 운영하는 시스템으로 발전시켜나가겠다는 목표를 가지고 있다. 그때까지는 다른 욕심은 잠시 접어두고 '주민을 위한 공간'에 '다양한 프로그램'을 담아가며 끈기 있게 운영해나갈 것이다.

이주여성은 농촌의 현실, 포용하기 위한 프로그램 절실
이주여성뿐 아니라 도농 문화교류도 필요

현재 부안 인구 6만 3천명 중 이주여성의 수는 3백여 명에 달한다. 절대 적은 수치가 아니다. 임 대표는 농촌으로 유입될 외국인 여성들은 앞으로도 증가할 것이고, 이들을 지역사회 내에서 포용하기 위한 프로그램이 절실하다고 말한다. 이 때문에 얼마 전부터 매주 일요일 이들을 위한 '한국어 교실'을 시작했다. 모처럼 가족과 함께 보낼 수 있는 휴일까지 써야할 만큼 시급한 일이라고 판단했기 때문이다.

"참 괜찮은 총각들이 단지 농사를 짓는다는 이유로 결혼을 못해요. 새로 결혼하는 가구의 약 35%가 외국인 여성들과 결혼했죠."

그런데 더 큰 문제는 이들 여성들 중 상당수가 기본적 권리를 보장받지 못하고 있다는 것이다. 워낙 보수적인 농촌에서 며느리는 지위랄 것도 없는 자리지만 이들 이주여성들은 한국인 며느리보다 더 대접받기 어려운 것이 현실이다. 누구도 말로 꺼내지는 않지만 '돈 주고 사왔다'는 의식이 잠재적으로 존재하다보니 폭력과 폭언에 시달리는 여성들은 도움을 청하기도 어렵다. 농촌으로 시집왔던 초기 조선족 여성들이 도망가는 일도 많았던지라 일단 시집오면 아예 밖에 나가지 못하게 하는 집도 있어 한국에서 생활하기 위해 꼭 필요한 교육에도 참가하지 못하는 여성들이 많다.

부안의 이주여성들의 경우 필리핀과 베트남 여성들이 다수다. 고졸 이상의 학력에 어느 정도 나이가 있는 필리핀 여성들에 비해 20세 전후의 초등졸업도 어려운 베트남 여성들은 문화적응에 더 애를 먹고 있다.

임 대표는 "일단 말을 하는 것이 중요해요. 그리고 문화를 배워야죠. 국제결혼이 농촌의 현실이라면 자연스럽게 함께 이해하는 문화교류가 필요"하다고 말한다. 마음먹으면 어쨌든 실행에 옮겨야 직성이 풀리는 그는 곧 이주여성들을 대상으로 하는 한글 및 문화교육, 지역민과 문화축제 등을 기획하는 등 일거리를 만들어냈다. 문제는 센터의 기존 사업만으로도 시간이 부족하다는 것. 임 대표는 결국 자신의 일요일을 기꺼이 내놓았고, 결국 자발적인 주7일 근무자가 되었다.

부안 여성농업인센터가 꼭 '여성용 사업'만 하는 것은 아니다. 임 대표가 자랑하는 성공 프로그램 중 하나가 바로 '도농교류' 프로그램이다. 이 중 2002년부터 시작한 '우렁이 잡기' 행사에는 무려 3백여 명이 참가할 정도로 성황이다. 깨끗한 논에서 우렁이를 잡는 재 밌는 놀이에 참석했던 도시 사람들은 이후 '직거래' 고객이 되었다.

센터의 아이들을 위한 캠프행사도 진행한다. 과천의 어린이집과 진행하는 상호방문 프로그램은 과천의 아이들이 부안에서 캠프를 진행하고 부안 아이들이 과천을 방문해 도시를 경험하도록 하는 행사로 양쪽 어린이 모두에게 반응이 좋다. 임 대표는 "도시와 농촌은 서로 다른 공간에 사는 낯선 사람들이 아니에요. 함께 어우러져 산다면 더 많은 것을 얻을 수 있어요"라며 확신으로 가득 찬 표정을 지어 보였다.

농촌에서 아이 키우기… 아이들에게 가장 큰 선물
영어 수학 잘하는 우등생 아닌 스스로 좋아하는 일 찾기 바라

"교육의 기회는 좀 부족할지 모르지만 농촌에서 자랄 수 있는 기회를 준 것은 내가 아이들에게 해줄 수 있는 가장 좋은 일이라고 믿고 있어요."

임 대표는 농촌에서 자란 사람들에게서만 느낄 수 있는 '심성'이란 것을 아이들이 갖길 바란다. 그가 말하는 농촌의 심성이란 배려와 희생의 가치를 소중히 여기는 마음을 가리킨다. 그는 가끔 농촌서 나고 자란 남편에게서 내재된 그 농촌의 심성을 느낄 땐 질투도 나고 또 감동하기도 한다.

엄마 아빠가 모두 수재 소리 듣고 살았으니, 아이들 교육에 욕심도 많지 않느냐는 질문이 끊이지 않는 것에 대해서 임 소장은 "아이들이 커갈수록 걱정이 되는 것도 사실"이라고 솔직한 마음을 토로한다. 그러나 "영어 · 수학 잘하는 우수학생보다 스스로 좋아하는 공부와 일을 찾아가길 바라는 마음에는 변함이 없다"는 소신을 지켜나가고 있다.

1~6학년까지 전학년이 15명인 이곳 학교는 그나마 복식수업을 하기 때문에 수업량이 절대적으로 부족하다. 다양한 특기적성 교육은 상상하기도 어렵다.

지난해 큰딸아이가 부안읍에서 중학교를 다닐 수 있도록 해달라고 조른 적이 있다. 스스로 공부 욕심을 부리는 것이 놀랍기도 하고 기특하기도 했지만 임 대표는 반대했다. 하루에 몇 대 없는 버스를 타기 위해 매일 몇 시간씩 고스란히 통학시간으로 써야하는 생활이 아이에게 너무 고생스럽다는 생각에서다. 결국 아이는 집에서 가까운 하서 중학교에 다니고 있다. 방과후 센터에 들러 다른 아이들과 마찬가지로 공부를 한다. 임 대표는 아이들이 지금 아주 잘 자라고 있다고 굳게 믿고 있다.

임덕규 대표 성공 2계명

첫 번째 지역민의 정서를 배려한다

여성농업인센터가 개소한 지 이제 4년. 지금까지는 지역민의 신뢰를 얻는 과정이었다. 여성농업인의 다양한 어려움들을 줄여가는 것이 목표지만 원칙만을 주장하지는 않는다. 만약 양성평등한 부부관계, 여성의 재산권 확보 등의 문제를 전면에 내세운다면 오히려 역효과가 날 것이다. 지역민들이 거부감 없이 받아들일 수 있도록 친근하고 실질적인 도움이 되는 프로그램을 기획하고, 자연스럽게 스며들어야 진짜 도움을 줄 수 있다.

두 번째 최소한의 생활로 최대한 봉사한다

센터 운영에 필요한 정부의 지원은 인건비가 전부다. 하지만 이에 맞춰 최소한의 활동만 하는 건 아니다. 인건비와 시설 등에 투자를 줄이는 대신 주민들이 필요로 하는 프로그램을 운영한다. 예산을 쪼개어 영어 강사를 초빙하고, 일요일에 자원봉사 프로그램을 운영하는 것은 최소한의 생활로 최대한 봉사한다는 그의 좌우명에 따른 것이다. 이 같은 노력이 있었기에 센터는 주민들의 호응을 이끌어냈다.

'주인'이 돼야 농촌이 즐겁다

농촌에 뿌리를 내리겠다는 생각을 가진 사람이라면 주인의식을 가져야 한다. 최근에 귀농에 관심을 가진 사람들이 부쩍 늘고 있다. 그런데 귀농에 실패한 사람들을 보면 '주인'이 아닌 '주변인'의 자세를 가지고 있음을 부인할 수 없다. 단지 한가로운 생활을 농촌생활의 전부라고 생각하거나, 넉넉한 인심을 당연하게 여긴다면 원하는 바를 절대 구할 수 없다.

적극적으로 이웃 속으로 들어갈 때 농촌생활의 진짜 즐거움을 경험한다. 주변사람들에게 애정을 가져야 한다. 먼저 다가가 지역의 어려운 문제에 관심을 갖고 함께 해결하려는 노력을 보이자. 그래야 이웃과 소통하고, 농촌의 겉모습이 아닌 농촌의 속마음을 경험할 수 있다. 귀농과 동시에 그 지역민이 되어라. 그러면 농촌은 그에 상응하는 멋진 보람을 선사해 줄 것이다.

여성농업인 희망만들기 프로젝트 13

여성농업인 지위 UP! (하)
무료 법률상담 지원 등 상담 관련기관 소개

여성농업인이 가정폭력을 당했거나 이혼 시 재산분할이나 아이 양육문제 등 억울한 일을 당했다면 어떻게 해야 할까. 가장 먼저 대한법률구조공단에 문을 두드리면 된다. 여성농업인들에겐 무료상담이 가능하기 때문이다.

농림부는 여성농업인의 법률 소송 시 법률상담 지원과 피해구제를 확대하려고 예산을 증액했다. 이를 위해 대한법률구조공단 출연금액을 13억 원으로 확대했다. 또한 원스톱(One-Stop) 법률구조를 활성화 한다. 대한법률구조공단 상담은 국번 없이 132번을 누르면 된다.

이와 함께 농업인의 권리의식 함양 및 법률적 피해예방을 위한 이동상담도 확대해서 운영하고 있다. 지난 2005년도 법률무료이동상담소를 마련, 시·군 단위 24회 운영하던 것을 올해는 40회로 늘릴 계획이다. 특히 이동상담실 운영 시 '여성농업인 전담창구'를 개설했다. 이동상담실 운영에 소요되는 예산규모는 4천 3백만 원에 이른다.

이외에도 여성농업인을 위한 다양한 상담기관들이 있다. 농림부가 지난 1998년 기획관리실 안에 여성정책담당관실을 설치한 뒤 여성농업인센터 운영사업을 벌인 바 있다. 이에 따라 각 지역 여성농업인센터에서도 여성농업인을 위한 무료 상담을 실시하고 있다.

전북 임실에 있는 '임실여성농업센터'(www.imcenter.org, 문의 063-642-7800), 강원도 양구여성농업인센터(ygcenter.org, 문의 033-481-9242), 경북 영양여성농업인센터(youngyang.net, 문의 054-682-1100), 충남 홍성군 홍동여성농업인센터(hongseong.go.kr, 문의 041-630-1114) 등 전국 50개 여성농업인센터를 운영 중에 있다.

장상희 대표 | 1963년생. 1987년부터 남편과 함께 주원농원 경영.
주원농원 | 충남 아산시 둔포면 신왕리 소재. 약 2만 평 규모의 유기농 노지 배 과수원 및 유기농 체험
농원 운영. 단국대학교 유기농연구소와 산학협력. 한살림 생산자 소비자 회원. 2006년 국립농산물품
질관리원으로부터 유기농산물 인증 취득.

장 상 희 주 원 농 원 대 표

왜 유기농을 해야만 하는지, 와서
체험해 보면 고개가 끄덕여질 것

"유기농 대중화에
첨병으로 나서"

아산에서 남편과 함께 유기농 배 농장 〈주원농원〉을 경영하고 있는 장상희 씨는 맑고 건강해 보였다. 과수 농사는 농사 중에서도 힘든 일로 꼽힌다. 〈주원농원〉은 근 2만 평. 이쪽 끝에서 저쪽 끝까지 가자면 허기질 정도로 너른 곳이다. 그 너른 곳을 비료 주고 농약 치는 관행농이 아닌 유기농 노지 재배를 고집하고 있으니 수익이 보장되는 것도 아니고 뼈골 빠지는 일에 지칠 법도 한데 험난한 길을 가면서도 웃음이 많았다.

"유기농을 하려면 우선 유기농으로 생겨야 해요."

그는 웃으면서 말한다. 어떻게 생긴 것이 유기농으로 생긴 것일까? 유기농 이야기만 시작되면 쉼 없이 쏟아져 나오는 그의 농사 철학을 들어보니 장상희 씨는 정말 사는 모습과 생각이 깨끗하고 건강한 유기농산물 같다.

"유기농이란 자연의 순환체계를 존중하는 거지요. 흙에 씨앗을 뿌리고 그 땅에서 나오는 것으로 거름을 삼아 공기와 물과 인간의 땀을 섞어 거두어 먹는 것이 원칙입니다. 그래야 깨끗하고 건강한 먹거리가 만들어지는 거죠. 자연에 대한 존경심 없이 유기농 못합니다."

그는 아직 성공하지는 못했다. 그러나 성공을 확신한다. 우리 농업이 살길은 유기농으로 가는 길뿐이라고 믿으며 20년 동안 땀과 열정을 쏟아 부었고 이제 확신과 자신감으로 주원농원을 '유기농의 메카로 만들겠다' 는 야심찬 계획의 날개를 펴고 있다.

시행착오 겪으며 얻어낸 자신감
풀 깎지 않는 독특한 방식, 농약 화학비료 대신 자연 제재 직접 제조

장상희 씨가 배 농사일을 시작한 것은 1987년 대학에서 만난 김경석 씨와 결혼하면서부터. 당시 스물다섯 살, 회계학을 전공하며 CPA를 준비하고 있던 전형적인 도시 처녀였다. 김경석 씨는 경영학을 전공하는 학생이었지만 아산 과수원집 큰아들은 아버지의 배 농사 이어받는 것을 숙명처럼 받아들였고 그런 남편을 따라 미련 없이 도시생활을 접고 바로 '일 잘하는 새댁' 이 되고 말았다. 주변에서는 얼굴 하얀 새댁이 힘들게 일하는 것을 안쓰

러워했지만 정작 본인은 힘든 줄 모르고 오히려 농사일이 재미있고 좋았다.

"시집와 처음 임신해서 배불러 가지고 그 넓은 밭을 이리저리 뛰어다니는 것을 보고 '서울 색시 일 잘 한다' 고 어른들 칭찬도 많이 받았지만 전 그 일이 정말 재미있었어요. 겨울에서 봄 사이 배나무를 하나하나 일일이 가지 쳐주는 전지 작업을 하는데, 힘은 들지만 다 끝내놓고 보면 마치 아이들 이발시켜 놓은 것같이 얼마나 예쁘던지… 지루한 줄 모르고 쳐다보곤 했죠. 살아보니 시골이 정말 좋더라구요. 정서적으로 훨씬 좋은 것은 물론이고 땅에는 많은 자원이 숨어 있다는 것도 알게 되었어요. 사람은 머리 쓰는 만큼 몸도 써주어야 되는데 도시에서는 두뇌노동만 하고 몸은 안 움직이니까 스트레스가 쌓이는 거죠. 자연 속에서 땀 흘리는 것만큼 건강에 좋은 것이 없더라구요."

그러나 마냥 좋기만 한 것은 아니었다. 젊은 농군 부부의 관심은 오로지 유기농에 쏠려 있었다. 그러나 몇 십 년을 해오던 방식을 고수하는 어른들의 반대로 실행할 수는 없었고 시아버님이 돌아가신 후에야 본격적으로 유기농을 시작하게 되었다. 그동안 공부하고 꿈꾸어왔던 유기농을 본격적으로 시작한 것은 2002년부터. 〈주원농원〉은 3년 이상 유기합성 농약과 화학비료를 일체 사용하지 않는 농장에 주어지는 유기농산물 인증을 받은 농장이다.

"유기농을 시작한 처음에는 너무너무 힘들었어요. 농약 안 치고 화학비료 안 주고 제초제 안 하면서 농사지으려니까 문제가 한둘이 아니였죠. 그렇다고 가르쳐 주는 사람이 있나… 남편하고 하나하나 몸으로 겪고 공부하면서 알아가는 방법밖에 없었어요. 첫해 생긴 문제를 경험으로 해결하면 다음 해엔 또 다른 문제가 터지고 그거 해결하면 그 다음 해엔 또 새로운 문제가 터지고…"

수십 년 동안 농약과 비료만 받아먹고 커온 나무와 땅이 갑자기 이 모든 것을 끊으니 금단 증세가 나타난 것이다. 예상하지 못한 일이었다. 지금까지 장상희 씨 부부가 매달려 온 것은 비료에 찌든 땅을 자연 상태로 돌려놓는 일과 농약이 아니면 맥을 못 추는 나무들을 저항력 강한 건강한 나무로 치유하는 밑작업이었다. 〈주원농원〉의 배 밭 경계선에는 6미터의 펜스가 쳐졌다. 다른 농장에서 치는 농약이 날아오는 것을 방지하기 위해서다. 또한 옆

단국대학교 유기농업연구소
산 학기술협력단장
주 원 농 원
www.rioa.ac.kr
TEL (041)550-3633
TEL (041)531-2836
Research Institute of Organic Agriculture
DANKOOK UNIVERSITY

과수원과 거리를 두기 위해 경계 근처에 있는 나무는 베어내고 8미터의 간격을 만들었다. 이렇게 소신으로 밀고나온 우직한 농부의 고집은 이제 서서히 그 성과를 드러내고 있다. 〈주원농원〉 크기의 배 밭이면 보통 관행농에서는 1만 짝의 배를 생산한다. 그런데 유기농을 시작한 첫해 수확량은 거의 십 분의 일인 1천 2백 짝, 그것도 상품으로 내놓을 수 없는 돌배였다. 다 버렸다. 다음 해엔 2천 짝, 양적으로나 질적으로 상당한 성과가 있었다. 그러다가 3천 짝으로 수확량이 늘었다. 애초 목표가 관행농의 50%였으니 올해는 그 목표를 달성할 전망이다. 이만하면 반은 성공이다. 겪을 건 어느 정도 다 겪은 것 같고 이제 나만의 노하우도 축적되었다. 자신감도 생겼다.

〈주원농장〉의 배나무 밑둥은 야생풀로 수북하다. 풀을 깎지 않은 것이다. "농사꾼이 풀을 깎지 않는다고 하면 게으르다고 손가락질 하지만 풀도 그 역할이 있다는 것을 알았어요. 해충들은 나뭇잎보다는 풀을 더 좋아해요. 또한 여러 종류의 풀에는 제각각 그 풀을 좋아하는 곤충과 미소동물들이 있는데 이를 포식하는 육식곤충이 생기게 되고 이 포식곤충들이 배나무 등 작물에 해를 끼치는 해충들을 포식하게 됩니다. 이렇게 먹이사슬을 이루게 되면 화학농약 없이도 해충을 제어할 수 있게 되는 거예요. 야산에서 벌어지는 상황과 비슷해지는 것이지요. 또 새들도 과일보다는 풀에 있는 벌레를 더 좋아하거든요. 그래서 배나무 밑 풀 속에 벌레가 적당히 있으면 새들이 과일을 쪼지 않아요. 이렇게 자연을 그대로 놔두고 이용하는 것이 유기농의 기본이에요."
그러나 자연의 순환체계에 맡긴다고 해서 무작정 그대로 놔두는 것은 아니다. 나방이 알

까는 것을 방지하기 위해서는 암컷과 수컷이 만나지 못하게 하는 교미교란기를 배나무에 매달아 놓기도 하고 농약이나 화학 비료가 만들어지기 전 우리 선조들이 썼던 석회유황합제나 석회보르도액 등을 직접 만들어 쓰기도 한다. 자연 생태적인 것을 존중하면서도 첨단과학을 도입하는 것이다.

"이제 생산은 문제가 없어요. 문제는 판매예요. 유기농의 가장 어려운 점이 아무리 좋은 것을 생산해도 판로가 불확실하다는 거죠. 소비자가 알아주지 않는다는 거예요."

유기농은 우리 농업이 가야할 최고의 목표

소비자가 달라져야 한다, 홍보 위해 농장 개방

장상희 씨는 우리나라 유기농을 정착시키기 위해서는 농민과 소비자와 정부가 "유기농이야말로 농촌이 추구해야 할 최고의 목표" 임을 강조한다.

"우선 유기농 농가가 많이 늘어나야 해요. 현재 유기농 생산물은 전체 생산량의 0.37%에 불과합니다. 이렇게 전체에서 차지하는 비중이 낮으니 정부 정책도 학계 연구도 다수인 관행농에 초점이 맞춰져 있어요. 유기농은 첨단과학 분야이기 때문에 오히려 많은 연구와 지원이 필요한데 학계 연구도 정부의 정책 방향에서도 비껴 있는 거죠. 우리 동네만 해도 부지런하고 일 잘하고 똑똑한 농민들이 많은데 그 인력이 힘을 합치면 참 대단한 힘이 나올 거예요. 그런데 현재로서는 소득이 보장 되질 않으니 굳이 손해보면서 유기농으로 전환을 결정하지 못하는 거예요. 유기농을 단지화하는 것이 필요합니다."

장상희 씨 부부의 바람은 우리나라 유기농가 수를 현재 0.44%에서 전체의 5%로 끌어올리는 것이다. 그래서 유기농에 관심 있는 농민이나 배우고자 하는 사람들이 있으면 적극적으로 나서 자기의 경험을 나눈다. 그러나 아무리 좋은 먹거리를 만들어내어도 소비자들이 찾지 않으면 헛수고가 되고 만다는 것을 지난해 쓰라린 경험을 통해 알게 되었다. 유기농 전문 판매 사이트와 생산량 전량을 계약했지만, 과잉생산의 여파로 배 값이 내려가기 시작했고 소비자들은 값이 싼 일반 배로 몰려 유기농 배가 팔리지 않았다. 1천 5백 짝이 소비를 못하고 창고에 그대로 쌓였다. 유기농산물의 판매 전략에 문제가 있다는 것을 절감했고 소비자에 대한 교육과 홍보가 우선되어야 함을 절실하게 깨달았다.

"유기농의 선진국인 독일의 경우를 보면 농민들이 유기농을 시작한 것이 아니에요. 소비자들이 먼저 '우리 가족의 먹거리를 안전하게 키워 달라, 우리가 원하는 것을 생산해주면 가격은 맞추어주겠다' 고 농민에게 요구한 거예요. 소비자들 의식이 농민을 이끈 것이지요. 우리나라 소비자들은 유기농 매장에 가서도 깨끗한 것, 벌레 안 먹은 것을 고르잖아요. 약 안 주면 벌레 구멍 있는 것은 당연한 것인데 일반상품하고 똑같은 외형을 요구하고 있으니까 문제예요."

소비자들의 유기농에 대한 인식부족을 절감한 장상희 씨 부부는 소비자 교육에 무엇보다 주안점을 두고 이를 위해 여러 가지 프로그램을 개발하고 있다. 주원농원은 소비자들에게 유기농이 어떤 것인가를 정확하게 인식시키기 위해 농장을 개방하고 있다. 가족이나 단체가 신청만 하면 언제든지 와서 직접 배도 따보고 농산물이 자라는 원리와 과정을 보면서 체험할 수 있다. 그러나 유기농을 정착시키고 확산시키기는 일은 유기농가의 힘만으로는 역부족이고 정부가 나서야 한다고 강조한다.

"첫째, 농업정책이 이제는 유기농으로 옮겨가야 해요. 우리나라는 그동안 소출 증대에 온 힘을 기울였고 이제는 농산물이 과잉생산됩니다. 그러니 가격이 안정되지 못하고 골탕은 농민들이 먹는 거죠. 농업정책이, 소출은 좀 적더라도 친환경적인 유기농으로 간다면 오히려 생산과 소비가 균형을 이루어 가격안정을 가져올 겁니다. 그다음, 시스템 면에서는 친환경직불제 같은 제도를 시행하여 유기농가의 판매 부담을 덜어주고 가락동 농수산물 시장에도 유기농 전문 경매가 도입되어야 합니다. 그리고 소비자들을 대상으로 유기농을 홍보하고 캠페인에 앞장 서주는 노력을 적극적으로 해야 합니다. 또 정부 연구기관이나 학계에서도 화학 비료가 아닌 미생물제재 개발에 적극적으로 나서서 농업의 첨단과학화를 이끌어주어야 해요. 특별한 실험실에서 해야 되는 연구를 농민이 직접 할 수는 없잖아요."

장상희 씨 부부는 요즘 〈주원농원〉을 유기농 교육 농원으로 발전시키기 위해 그 준비 작업에 한창이다. 현재도 체험교육은 실시하지만 시설을 더욱 전문화하여 명실 공히 유기농 교육의 메카로 만들려는 야심 찬 계획을 차근차근 실행에 옮기고 있다. 소비자들에게는 유기농 체험교육을, 농민들에게는 유기농 영농교육을 확대하기 위해서다. 의식의 변화는 체험이 가장 확실하다는 것을 깨달았기 때문이다.

차별화된 자연 생태 교육농원 발돋움
어린이부터 전문 농업인까지 참여하는 유기농의 메카 만들 터

"유기농을 성공시키기 위해서는 혼자만 아무리 노력해도 되지 않는다는 것을 알았어요. 친환경 유기농 교육을 통해 소비자들이 유기농에 대한 인식을 새롭게 하면 이것이 수요를 증대시키고 수요 증대는 유기농가를 증가시켜 유기농 생산량의 증가와 품질 향상, 가격안정을 가져오게 되고 결국 소비자들의 신뢰를 얻어 생산자와 소비자 모두 만족하는 결과를 가져오는 거죠."

〈주원농원〉은 이 같은 계획을 성공시키기 위한 인프라는 이미 갖추었다. 다년간 경험으로 유기영농기술은 확립되었고, 대학과 연구단체와의 유대관계를 확립하여 기술은 계속 발전해나가고 있다. 체험농원으로서의 환경도 매우 좋다. 이곳은 과수원뿐 아니라 논밭, 산 등이 골고루 갖추어져 있고 도시 접근성도 좋다. 이제 농원을 리모델링하여 야생화길과 같은 산책로와 쉼터를 만들고 교육장과 숙소도 제대로 만들어 유기농을 배우러 오는 모든 이들이 즐겁고 편안하게 배우고 쉬어갈 수 있는 곳이 되도록 할 계획이다. 또한 언제든지 열매나 꽃을 볼 수 있게, 과수원을 블록화 하고 배뿐만 아니라 사과 복숭아 감 등 다 품종의 유실수를 심어 파종에서 수확까지 계절별로 다양한 프로그램을 준비하고 있다. 또한 어린이를 위한 생태교육에도 중점을 두어 곤충학습이나 농산물을 이용한 만들기까지, 농촌에서 다양한 체험을 할 수 있도록 하려 한다. 자연생태 순환농업의 중요성을 알리고 소비자들이 흥미를 갖고 자연스럽게 유기농을 이해하도록 분위기를 만들기 위해서다.

"요즘도 가족과 함께 체험해보고자 하는 분들이 찾아오긴 하는데 그 수를 늘려보고자 하

는 거예요. 우리 농장에 직접 와서 체험을 한 분들은 왜 유기농을 해야 하고 유기농산물을 먹어야 하는지 인식이 확 바뀌어 돌아갑니다. 유기농 홍보대사가 되는 거죠."

농민 교육도 빼놓을 수 없는 중요한 부분이다.

"우리나라는 유기농을 체계적으로 제대로 가르쳐 주는 곳이 없어요. 유기농의 본산지인 독일 본 대학은 26만평의 농지를 직접 가꾸면서 유기농만 가르친대요. 학생들도 농대에 들어가려면 13주 동안 농사를 지어야만 입학이 허가되고 대학 내에서도 전문 농업인 교수와 학생들이 같이 돌아다니면서 연구하고 실험한다니 얼마나 부러운지 몰라요. 우리나라 농과대학도 그런 교육으로 가야 한다고 봐요. 대학에서 유기농 쪽으로 무게 중심을 두어야 하는데… 아쉽죠."

20년간 많은 실패와 난관 속에서도 유기농에 대한 열정 하나로 유기농 노지 배 과수원에선 최고라 자부할 만큼 노하우를 축적한 장상희 김경석 씨 부부. 이제 〈주원농원〉이 개인의 영역을 넘어 "내가 가진 정보와 지식을 공유하여 대한민국이 건강한 먹거리 천국이 되도록 하고 싶다"는 것이 그들의 소망이다.

농촌 여성으로서의 지난 20년 만족
많은 여성들 자기개발로 능동적 대처, 이미 농업의 중심에 서 있어

20대에 시작하여 이제 40대 중반이 되어버린 지나간 세월, 힘들지만 보람 있었고 후회 없는 생활이었다고 회상한다. 특히 옳다고 믿는 것을 고집스레 지키며 살아가는 부모를 보며 건강하게 자라준 세 자녀가 무엇보다도 대견하다고. 아이들 교육 역시 유기농을 하듯 절로 크게 방목하고 있다는 장상희 씨는 시골살이가 교육에 애로점은 있지만 좋은 점도 많다고 한다.

"자연이 아이들에게 주는 많은 혜택과 산교육은 어느 사교육보다 더 중요하다고 봅니다. 건조한 도시 아이들보다는 자연 속에서 많은 경험을 갖고 자란 농촌 아이들이 보다 활력 있고 능동적이며 미래의 경쟁력이 클 것으로 생각

합니다. 농촌 여성도 마찬가지입니다. 자기 개발로 능동적인 대처를 하고 있는 여성들이 많고 이미 여성이 농업에 중심에 서 있다고 느껴집니다. 그동안 직업으로 인정받지 못했지만 농촌에서의 여성이 담당하고 있는 역할은 그 어느 때보다도 중요하게 되었어요."

언제나 능동적인 사고와 옳다고 믿는 것은 아무리 험난해도 기꺼이 웃으며 내딛는 장상희 씨. 다시 배 밭으로 나서는 그의 모습이 참으로 아름다웠다.

장상희 대표 성공 4계명

첫 번째 나무와 자연에 대한 존경심을 가져라

끊임없는 정성과 보살핌으로 나무와 느낌을 소통해야 한다. 나무의 잎만 보아도 이 나무가 어디를 아파하는지 기분이 좋은지 나쁜지 알아낼 수 있다.

두 번째 산학협력망을 만들어 늘 연구하고 공부하라

유기농은 자연에 맡긴다고 그냥 내버려 두는 것이 아니라 미생물을 이용하고 자연의 법칙을 이해해야 하는 첨단과학이다. 환경과 기후는 매년 변하기 때문에 매년 새로운 문제가 발생할 수 있는 가변적인 것이다. 잠시라도 긴장을 늦출 수 없는 것이 유기농업이기 때문에 전문 연구자에게 도움을 받고 배워야 한다.

세 번째 유기농을 경영하는 사람들과 연대를 가져라

전국에 유기농을 하는 사람들이 서로 정보와 경험을 공유하며 기술을 발전시켜 나가야 한다. 유기농은 혼자서 성공할 수 없다.

네 번째 적극적인 홍보전략을 세워라

유기농을 정착시키기 위해서는 우선 파이를 키워야 한다. 유기농을 하는 농가가 많이 늘고 유기농산물의 생산량이 늘어야 한다. 농장을 교육의 장으로 활용하는 등 프로그램을 개발하여 소비자 홍보에 적극 나설 필요가 있다. 소수로 남아서는 기술적 발전을 가져오기 힘들고 소비자들로부터의 관심도 멀어진다. 유기농산물의 대중화가 이루어져야 전체 유기농이 성공할 수 있다.

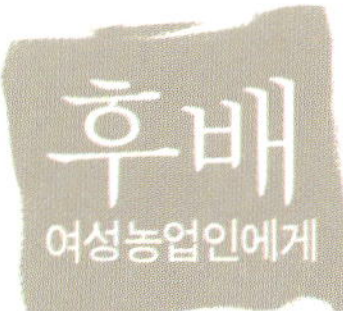

위기농은 비싸니까 가격을 높이 받을 수 있다?

위기농은 '비싸니까 가격을 높이 받을 수 있다'는, 돈을 먼저 생각하고 시작하면 무조건 실패다. 위기농은 3~5년은 소득이 없다고 생각해야 한다. 이 기간을 버틸 수 있는 재정적 여력이 필요하고 무엇보다 위축을 벽파할 수 있는 소신과 위기농만이 살길이라는 확신이 서기 전에는 시작하지 말라. 위기농은 신념을 넘어 종교가 될 정도까지 가야 한다.

그리고 농사는 좋은 물건만 생산한다고 끝나는 것이 아니다. 생산만큼 중요한 것이 판로다. 일을 시작하기 전 판매에 대한 확실한 전략도 수립하여야 한다.

농촌 여성결혼이민자 정착 지원
가정 방문 한국어교육 도우미 제도 시행

농촌 여성결혼이민자는 2005년 12월말 기준으로 농촌 20·30대 여성의 5%에 해당되는 1만 4천 명 수준이다.

농림부는 농촌 총각의 국제결혼 증가에 따라 농촌 여성결혼이민자들이 조기에 농촌생활에 적응할 수 있도록 2007년부터 전국 30개 시군에서 300명의 방문교육 도우미 제도 내년부터 도입한다.

농촌 여성결혼이민자들은 그동안 언어 소통의 문제로 가족관계 및 자녀 지도 등에 많은 어려움을 겪고 있었으나, 바쁜 농사일과 교통접근성 등의 사유로 집합교육을 여의치 않아 방문교육 형식을 마련하였다.

방문교육 도우미는 농촌 지역의 국제결혼 초기 가정을 5개월에 걸쳐 1주일에 3시간씩 방문하며 한국어 교육과 가족들에 대한 생활 상담을 지원한다.

또한 가족관계 증진을 위한 부부교실, 가족캠프 등을 실시하고, 우리 농촌 정착에 성공한 모범적인 가정을 선발하여 모국 방문 지원 등 격려사업도 실시한다.

농림부 여성정책과 이상목 사무관은 "농촌 여성결혼이민자 및 가족에 대하여 한국어 교육, 문화교육 및 가족관계 증진 교육 등을 실시하고 단계별로 농업교육, 영농컨설팅 등을 지원하여 여성 농업 인력으로 육성할 계획" 이라고 밝혔다.

방문교육 도우미는 지역 자원봉사자, 퇴직 교사나 농협 직원, 우수 여성농업인이나 정착에 성공한 여성결혼이민자 등을 대상으로 선발하며, 일정한 교육 이수 후 활동하고, 수당을 받는다.(문의 농림부 여성정책과 02-500-1609)

조옥향 대표 | 1982년 낙농업 시작. 2002년 대산농촌문화상 수상. 2003년 농협중앙회선정 여성 100인 인증. 2004년 한국농촌진흥청 여성스타상 수상. 한국농촌경제연구원 축산관측위원. 한국 축산기술연구소 명예 연구관. 농림부 축산발전 심의 위원. 한국 국립 수의과학검역원 대 가축 위원. 한국낙농육우협회 여성분과 위원장.
은아목장 | 6만여 평(초지 4만여 평, 정원 2만여 평) 규모. 젖소 165 두. 연간 1만 kg 우유 생산. 연간 수익 5 억원. 체험(관광)목장 및 한국형 홀스타인 종축분악 목장 오픈 예정.
조 옥 향 은 아 목 장 대 표
조옥향

낙농업은 종합예술,
여성의 창의력은 성장엔진

"수제 치즈로
세계 최고가 되겠다"

그림을 그리던 스물아홉 서울 주부가 목장을 일구겠다며 남편까지 설득해 경기 여주땅으로 귀농한 지 26년 째. 조옥향 〈은아목장〉 대표는 이제 한국 낙농업계의 대표적인 여성 경영자로, 여성농업인의 든든한 리더로 자리를 지키고 있다.

지난 2002년 농업인들의 최고 영예라는 대산농촌문화대상을 수상하며, 성공 여성농업인으로 인정받은 조 대표. 3마리로 출발한 〈은아목장〉은 현재 165마리 젖소에서 연간 9000~1만kg의 우유를 생산하는 중견 목장으로 성장했다. 그는 지금 우유만 생산하는 목장을 넘어 국산 수제치즈의 가능성을 실험하는 본거지로 변화를 꿈꾸고 있다. "다음 세대 낙농인들에게 새로운 가능성을 만들어 주는 것이 나와 같은 1세대 낙농인들의 몫"이라는 조 대표의 '블루오션 찾기'는 현재진행형이다.

텐트 생활하며 맨손으로 일군 은아목장

주경야독 낙농공부 10년… 보수적 남편, 양성평등 파트너로 변신

조 대표가 '귀농'을 결심한 이유는 생각보다 간단했다. "가족이 함께 일하면서 살 수 있는 일을 하자"는 것. 조 대표는 스물일곱 살에 세 살 연상의 건설사 샐러리맨과 결혼했다. 그런데 신혼 6개월 만에 남편이 16개월 해외파견을 나가게 되었다. 회사의 지시에 맞춰 움직이는 것을 어쩌면 당연하다고 받아들이는 시대였지만 그런 반복된 일정에 가족 전체가 함께 맞춰야 한다는 것이 참 싫었다. 돈은 좀 부족하고, 생활도 조금 불편하겠지만 농촌에서 가족의 행복을 일구고 싶었다.

"방학 때면 어릴 적 아버지 고향 여주에서 보낸 좋은 기억들, '타닥 타닥' 새벽녘 군불 때는 소리에 잠을 깨고, 소여물 쑤는 냄새가 유독 구수했던 그 시절에 대한 추억이 한 몫했을 것"이라는 게 그의 설명이다.

친정아버지 소유의 33헥타르 황무지만 믿고 무작정 '목장 만들기'에 돌입했다. 미처 집을 지을 여유가 없어 텐트생활을 하며 풀 뽑고 돌 고르기를 꼬박 2년. 젖소 3마리로 목장을 시작했다. 그리고 하루종일 고된 노동으로 녹초가 된 남편 대신 지역 낙농인들을 위한 교

육에 참가했다. 그런데 교육에 참가해보니 여자는 조 대표 한 사람뿐이었다.

요즘 같으면 '홍일점 대접받았겠다' 며 농담을 건넸겠지만 그 시절에도 유독 보수적이었던 농촌에서 그는 '기가 센 여자' 라느니 '남편 제치고 나댄다' 는 노골적인 반감의 대상이 되고 말았다. 애들을 데리고 수업에 갔다가 쫓겨나기도 여러 번이었다. 워낙 나서길 싫어하는 남편 대신 어쩌다 관청에 들르면, "남편 데려오라"는 노골적인 무시도 일상이었다. 하지만 '낙농기술' 을 배울 수 있는 곳이라면 여기저기 열심히 쫓아다녔다. 꿋꿋이 버티다 보니 조 대표의 열성에 감동한 지역 낙농전문가 한 분이 과외선생으로 나섰다.

"낙농의 기본은 '기록' 이라는 그 분의 말에 따라 무조건 적었어요. 하루종일 소들을 꼼꼼히 관찰하고 적은 것들을 저녁에 선생님께 보여드리면 조언을 곁들여주는 식이였죠."

조금씩 눈도 틔어가고, 자신감도 붙었지만 정작 넘어야 할 산은 바로 남편이었다. 배운 것을 남편에게 코치해야 하는데 가부장적인 남편은 도대체 귀를 귀울여주질 않는 것이었다. 남편이 자존심 상할세라 눈치봐가며 배운 것을 하나하나 적용하다 보니 실제 성과로 나타났다. 그렇게 10년이 흐르니 어느새 남편은 조 대표의 말이라면 '팥으로 메주를 쑨다고 해도 믿을 만큼' 전적으로 존중하게 되었다. 그리고 "사장도 당신이 하라" 며 조 대표에게 중요한 일을 맡기게 되었다.

농장을 관리하고 직원들과 함께하는 현장일은 남편이, 경영기획, 행정적 업무는 조 대표가 맡는 방식으로 역할을 나눴다. 그 자신도 놀라는 큰 변화는 남편이 집안일을 함께 나누기 시작했다는 것이다. 처음엔 양말 하나 안 치우던 남편이 이젠 자연스럽게 세탁기를 돌리고 빨래를 넌다. 대외활동이 부쩍 많아진 조 대표에게 '맡은 일을 충실히 하라' 며 격려도 얹어준다.

"여성농업인들의 노동량은 상당해요. 농사일은 함께하지만 가사일은 아내 혼자 하거든요. 그러면서도 기여도를 인정받지 못하죠. 하지만 농촌도 변화하려면 남편과 아내의 파트너십이 무엇보다 큰 힘이란 걸 깨달아야 합니다."

조 대표의 경험에서 비롯된 조언이다.

낙농업의 블루오션, 유가공제품에 도전하라

경쟁력은 '맛' 과 '신선도' ··· 성공 가능성 확신

굵은 손마디와 거뭇한 피부, 넉넉한 자태에 소탈한 웃음까지 마음씨 좋은 목장주 모습이 그의 첫인상이지만, 사실 몇 분만 마주하고 대화를 나누다보면 조 대표의 머릿속에 담겨진 '한국 낙농업의 비전' 과 '도전의식' 에 함께 흥분하고 경탄하게 된다.

"한미 FTA가 체결되면 대부분의 농·축산물이 '가격' 에서 경쟁력을 갖기는 어려워요. 하지만 '맛' 에선 분명 경쟁력이 있어요. 그게 바로 우리 농가의 블루오션입니다."

조 대표의 새로운 도전은 바로 '내츄럴 치즈(수제 치즈)' 다. 한국 사람들의 입맛에도 익숙치않고, 보관·유통이 까다로운 이 수제 치즈를 만들겠다고 하니 주변에선 '안 된다' 고 고개를 흔든다. '조옥향식 밀어붙이기' 라며 우려섞인 조언도 있지만 사실 그는 10년 전부터 조금씩 이 상황을 대비해왔다.

지난 1996년 우량젖소 품평대회인 '한국홀스타인 품평회' 에서 챔피언을 획득하고, 부상으로 가게 된 일본 연수. 그곳에서 조 대표는 일본 목장주로부터 잊을 수 없는 한 마디를 들었다. "부부 둘이 1톤의 우유를 생산했을 때 4식구가 먹고살았는데, 그 1톤으로 치즈를 만들었더니 50명이 먹고살 수 있더라”는 말이었다.

단순히 우유생산에만 주력하던 우리의 낙농업 현실에 하나의 지침과도 같은 말이었다.

“내 우유의 품질이 최고 수준인데, 이 우유로 치즈를 만들면 역시 최고가 아니겠는가.”

자신감이 생겼다. 그때부터 ‘수제 치즈’ 공부를 시작했다. 당시 한국에서는 수제 치즈를 만들어도 법적으로 판매허가 받기도 어렵고 판로도 없었지만 ‘낙농업의 미래는 가공을 통한 부가가치 상승에 있다’는 믿음으로 일단 실행에 옮겼다. 아이들 뒷바라지에 목장일이 산더미인 상황에서 유학은 꿈도 꿀 수 없는 터라 일본, 독일, 프랑스 등 수제 치즈 관련

단기 강좌를 찾아다니며 배웠다. 그 시간을 다 합하면 꼬박 2년 동안 유학을 한 셈이다.

우리 입맛에 맞는 치즈개발에 목말랐던 그는 순천대학의 한 교수가 ‘치즈연구’를 한다는 소식을 접하고 무작정 전화를 걸어 배움을 청했다. 그리고 그날부터 새벽 4시에 여주를 출발해 순천으로 통학했다.

“유럽에서 배운 것은 중·소 낙농가들도 노하우 하나로 고소득을 올릴 수 있다는 거였어요. 제조자마다 조금씩 다른 손맛이 부가가치가 되는 거였죠. 전라도 김치, 경기도 김치 맛이 다르고, 그 차이가 상품이 되는 것과 마찬가지예요.”

치즈 만들기에 어느 정도 자신이 붙은 그는 지난 5년간 꾸준히 정부 설득작업에 나섰다.

그리고 곧 완화된 시행령이 발효될 예정이다. 기존 '축산물가공처리법'에 따르면 기준이 워낙 까다로워 소규모 목장에서 치즈를 제조·판매하기가 '하늘의 별따기' 만큼 힘든 일이었다. 소비자 입장에서는 '위생을 위해서 당연하다'고 생각하겠지만 조 대표의 생각은 다르다.

"각 지역마다 지정 수의사와 검사원을 두고 철저히 공동 관리하는 방식으로 비용부담을 줄일 수 있어요. 무엇보다 목장주가 자신의 제품에 100% 책임지도록 하는 시스템을 도입한다면 이른바 '사고'의 위험성은 크게 줄어들 거예요."

조 대표는 얼마 전 직접 만든 치즈를 들고 이탈리아 전문 식당을 찾았다. 이탈리아에서 수입해 온 치즈와 국산 치즈로 조리한 후 맛 평가를 부탁하기 위해서다. 결과는 조 대표의 승리였다. 이 자신감을 바탕으로 그는 앞으로 치즈, 버터, 요구르트, 아이스크림 등 〈은아목장〉의 브랜드를 단 제품을 하나둘 생산할 계획이다.

"유가공품의 생명은 바로 '신선도'입니다. 좋은 치즈일수록 유통기간이 짧은데 수입 치즈는 보존을 위해 열처리를 더하거나, 아니면 맛이 약간 변하게 되요. 국산 치즈가 경쟁력을 가질 수 있는 또 하나의 이유죠."

조 대표가 가장 아쉬워하는 부분은 바로 국내 낙농산업과 국산 우유에 대한 편견과 선입

견이다. 많은 소비자들이 외국의 방대한 목장에서 생산된 우유는 무조건 품질이 좋을 것으로 생각하지만 우리 우유의 품질이야 말로 세계 최고다.

"국산 원유의 98%가 1등급 제품이란 사실을 아는 소비자가 얼마나 될까요…."

게다가 원유 판매시 소비자들이 우려하는 '항생제' 가 검출될 경우 3개월 이상 판매가 정지될 정도로 검사가 까다롭고, 우유 속 체세포지수 33만 개(전국 평균)라는 품질은 세계적으로도 인정받는 수준이다. 그런데 이런 고품질의 우유가 가공단계에서 '고온 멸균' 과정을 통해 영양가 낮은 우유로 판매된다.

생산자와 소비자, '대화를 나누자'
체험목장 오픈…"좋은 우유와 치즈맛 직접 맛보일 터"

"신선한 우유는 싱겁고, 고온멸균을 통해 단백질 성분을 탄 우유는 고소하다"는 상식만 알아도 기업들이 보존·유통상 안전을 이유로 '고온멸균' 을 선호하지는 않을 것이라는 안타까움이 크다. 조 대표는 국내 낙농산업의 발전을 위해 먼저 소비자들이 품질 좋은 우유와 유가공품의 맛을 알아야 한다고 생각한다. 체험목장을 오픈하는 이유도 바로 '소비자와 만나기' 위해서다.

"신선한 우유와 치즈가 어떤 맛인지 직접 먹어봐야 알 거 아니에요. 무엇보다 구매자인 엄마들이 맛을 알아야 아이들에게 좋은 제품을 사줄테니까 매우 중요한 일입니다. 아이들도 직접 치즈를 만들어보면서 유가공품과 친해질 수 있을 거예요."

마트에 갈 때마다 조 대표의 화를 돋구는 제품은 바로 각종 첨가물 우유다. 얼마전 소비자보호원의 조사결과 이들 제품의 판매량이 좀 줄었다는 소식도 있었지만, 별 생각없이 아이들에게 사주는 이런 우유가 아이들이 성인이 되었을 때의 입맛과 건강을 좌우한다는 사실을 엄마들이 인지하지 못하는 사실이 안타깝다.

"아이들을 타깃으로 만드는 '~향 우유' 들은 대부분 외국산 저질 분유를 원료로 사용하고 있어요. 게다가 FTA 타결 이후 수입될 우유는 수입 유통기간 때문에 당연히 고온 멸균처리된 우유일 수 밖에 없어요. 우리 아이들이 '우유는 원래 이런 맛'이라며 당연하게 선택하게 둘 수는 없잖아요."

대 잇기에 나선 딸…"엄마처럼 살래요"
낙농 2세대, 여성의 능력을 믿는다

"농장을 일구고, 좋은 우유를 생산하고, 국산 수제 치즈의 가능성을 열어놓는 시스템을 갖추는 것까지가 제 일입니다. 그 다음은 딸의 몫이죠."

딸만 둘인 조 대표가 그저 별 생각없이 "이 소들 다 키워 누굴주나…"하는 말을 듣고 자란 둘째 딸이 '엄마처럼 살겠다'며 일찌감치 농업고등학교로 진학했다. "은아목장의 수제 치즈를 들고 세계시장으로 나가겠다"며 야무진 계획을 세워놓은 딸은 건국대 축산학과에 떡하니 합격하더니 1년 후 휴학계를 내고 올해 세계 최고 수준의 일본 '낙농학원대학'으로 유학을 떠났다. 그리고 장학금까지 받으며 맹렬히 공부 중이다.

흔히 딸이건 아들이건 '농촌에 남겠다'고 하면 한숨을 쉬는 집이 적지 않겠지만 조 대표는 다르다. 농촌에 대한 자부심과 비전을 확신하기 때문이다.

"농업의 비전은 무궁무진하다"는 조 대표. 지금까지 개발되지 않았기에 그렇고, 생존을 위한 기본조건인 '먹거리'를 생산하는 산업이 아닌가. 게다가 낙농은 종합예술에 가깝다. 가축을 기르는 기술, 소 먹일 식량도 재배하고, 기계에 대한 반 전문가가 되어야 하는데다 수의사 수준의 지식도 필요하다. 종합적이면서 창의적인 일이다.

조 대표는 "한국 농업의 희망은 여성과 가공산업(부가가치형 상품개발)에 있다"고 말한다. 산업 전 분야의 국제화는 이미 도래했다. 한국에 있는 농산물이 미국에 있고, 미국 농산물이 일본에도 중국에도 있다. 더이상 부가가치형 상품개발 자체가 쉽지 않은 지금, 조 대표가 내놓은 해법이 바로 '농촌자체를 특화한 상품 개발'이다. 그리고 섬세한 부가가치를 입히는 과정이 바로 여성의 특성과 맞다고 자부한다.

“우리 토종 식재료에 음식이라는 문화를 입혀 수출하고, 각 지역의 전통이 살아있는 농가에 팬션 자격증을 주고, 지역의 자연환경에서 자라고 재배되었다는 것만으로도 브랜드가 될 수있어요.”

프랑스의 수천 가지 치즈가 그렇게 만들어져 판매되고 있고, 유럽의 농가가 부유하게 살 수 있는 이유가 바로 이런 ‘농촌특화’ 산업에 있다는 것을 그가 직접 보고 경험했기 때문이다.

앞으로 농업인구가 7%에서 3%로 감소할 것이라는 예측이 나왔다. 그렇다면 이 3%의 인구가 모두 전문가가 되어야 한다. 농고·농대를 졸업한 후 취업할 길이 없는 지금 시스템에서 전문인력개발은 요원할 뿐이다.

“아는 만큼 희망도 개발할 수 있다”고 강조하는 조 대표는 “농업정책에는 반드시 장기적 교육정책이 함께 포함되어야 한다”고 말한다.

농촌에서 아이 키우기… ‘실’ 보다 ‘득’

교육 때문에 농촌 떠나는 현실 안타깝다

눈에 넣어도 안 아픈 두 딸. 자랄 때 예쁘게 머리 묶어줄 시간이 없어 늘 짧은 머리모양을 해야 했던 딸들이 이제 어엿한 대학생이 되었다.

디자인을 공부하는 첫째, 낙농을 공부하는 둘째 모두 잘 커주었다. 농촌을 떠나는 사람들은 대부분 ‘아이들 교육’을 첫 번째 이유로 꼽는다. 그러나 조 대표는 “농촌에서 아이들을 키우길 잘했다”고 말한다. 농촌이야말로 인성교육의 장으로 안성

맞춤이라는 확신을 갖고 있다.

"자연과 함께 자라서인지 감수성이 예민하고 남을 배려하는 마음이 특별하다"며 "수학이
나 영어를 조금 늦게 배운다고 뒤처지는 것도 아니고, 독립심도 강해 진로도 아이들 스스
로 정했다"며 농촌의 교육방식에 만족감을 드러낸다. 나라 전체에 사교육 열풍이 불다보
니 농촌의 교육에 더욱 불신을 갖는 것도 사실이다. 조 대표는 그러나 "농어촌특례입학
제, 농고 수능 가산점 등 알고 보면 활용할만한 제도가 많다"며 "모든 아이들이 도시에서
교육을 받아야 성공하는 것도 아닌데 교육 때문에 농촌을 떠난다는 젊은 사람들이 안타깝
다"고 말한다.

한·중·일 여성낙농인 네트워크 만들고 싶다
농촌여성의 고충 세계가 닮은 꼴… 함께 성장해야

조 대표는 요즘 두 달에 한 번씩 중국 길림성에서 '낙농기술' 강의를 진행한다. 그가 고문
으로 참여하고 있는 한 축산사료 회사가 주최한 프로그램인데 현지의 반응이 대단해 계속
이어지고 있다.

"막상 도착해서 보니 옛날 빈손으로 목장을 시작했던 내 모습과 너무 닮은 사람들이 많은
거예요. 당시 '멘토링'이 간절했던 기억이 있다보니 더 열정적으로 강의하게 되더라구
요."

그의 강의가 입소문을 타면서 중국 정부는 조 대표에게 목장을 마련해줄테니 몸만 와서
직접 경영하며 기술을 전수해 달라고 권하고 있다. 중국 낙농산업의 수준은 매우 낮은 편
으로 전체 낙농가의 평균 우유생산량이 연 3,000kg밖에 되질 않지만 중국은 미래 주력산
업 중 하나로 '낙농산업'을 선정한 상태다.

새로 치즈 사업을 계획하고 있어 중국측의 제안을 선뜻 받아들이지 못하고 있지만, 중국
에서 먼저 우리의 낙농기술을 인정받고, 다음에 동남아시아 등으로 퍼져나가면 이것 역시
한국 농업에 도움이 될 것 같아 신중히 고려 중이다. 일본 여성낙농인들과는 이미 교류가

있으니 한 · 중 · 일 여성낙농인 네트워크를 만들어 함께 협력한다면 어떨까… 머릿속에 아이디어가 피어난다.

"한 · 중 · 일 세 나라 모두 농업인, 특히 여성농업인은 더 어려운 처지에 놓여있어요. 하지만 여성의 농업기여도가 높아지고, 여성이 농업의 '희망' 이라는 점 역시 공통점이지요. 여성들은 원래 서로 돕고 배려하는 특성이 있잖아요. 국제교류를 통해 더 발전할 수 있을 거란 생각이 드는데 한번 도전해볼까요?"

조옥향 대표 성공 4계명

첫 번째 10년 앞을 내다보고 투자하라

농업도 비즈니스다. 세계의 농업과 산업의 흐름을 미리 알고 준비하지 않으면 이미 늦다. 조 대표는 끊임없는 종축개량에 투자해 최고의 '낙농기술자' 로 인정받고, 10년 전부터 치즈가공법을 배웠기에 새로운 사업에 도전할 수 있었다.

두 번째 정보를 나누면 함께 성장한다

네트워크를 통한 정보공유는 필수. 현장 종사자들만 알 수 있는 정보야말로 고급 정보다. 농촌도 인터넷 등 첨단 정보망을 적극 활용하면 '정보 리더' 가 될 수 있다. 조 대표는 낙농동호회 〈www.icow.co.kr〉 회장으로 활동하며, 각종 질병 · 사업 · 교육정보를 공유하고 있다. 사업은 물론이고, 우유홍보, 청소년 장학사업 등 다양한 활동을 펼치고 있다.

세 번째 배우자와 파트너십을 유지하라

농업은 전문 분야이면서 동시에 다양한 업무를 종합적으로 진행하는 특성이 있다. 따라서 부부가 함께 일을 분담하지 않으면 성공적으로 해내기 어렵다. 처음 반발에 부딪치더라도 절대 포기하지 말고 설득시켜라.

네 번째 해외 성공사례를 주목하라

선진국의 사례를 벤치마킹하라. 정부 혹은 농업관련 단체 및 기관에서 진행하는 '해외연수' 프로그램에 적극적으로 참여하라. 직접 보는 것만큼 좋은 공부는 없다. 단, 배웠다면 자신의 현실에 맞게 적용 · 시도하는 것이 중요하다.

농업은 정년 없는 창조적 삶이죠

많은 여성들이 '농촌'에 대한 전형화된 편견을 가지고 있다. 일도 많고 살기도 어렵다는 것이 그것이다. 하지만 세상에 힘들지 않은 일은 없다. 정년이 없고, 자연과 함께 인생을 배우는 덤까지 있으니 이보다 생산적인 일은 없다. 작은 변화를 시도하는 것만으로도 몇 배의 소득을 올릴 수 있는 창의적 산업분야가 바로 농업이다.

하지만 먹고살 게 없으니 농사라도 짓자며 귀농하는 사람들이라면 농촌에서도 역시 '경쟁력'은 없다. 새로운 농업의 개척, 해외로 진출하는 농업이야말로 젊은 여성들이 도전해 볼 만한 분야라고 단언한다.

<table>
<tr><td>

여성농업인 희망만들기 프로젝트 **15**

</td><td>

여성농업인 복지 · 의료 지원
여성농업인 맞춤 보험상품 개발한다

대다수 여성농업인들은 국민연금 혜택에서 소외되어 있다. 기초적인 생활보장도 취약한 것이 현실이다. 부부 모두 연금에 가입하더라도 배우자 사망 시 유족연금과 본인연금을 이중으로 받을 수 없기 때문에 연금 가입을 기피하고 있기 때문. 종합건강검진을 받은 적이 없는 여성농업인이 무려 절반(50.2%)이 넘고, 유방암, 자궁암, 위암 등 암 검진율도 52.9%에 머물고 있다.(2003년) 또, 여성농업인들은 농업경력을 인정받지 못해 교통사고 등으로 인한 부상에도 가장 낮은 보험금을 받고 있다. 산재보험도 5인 미만 농업사업장까지 적용되기 때문에 개인 농업인들은 가입제한을 받는다. 결국 사회복지 전부분에서 여성농업인의 소외 정도는 매우 심각한 수준이다. 이에 따라 여성농업인을 직업인으로 인정하고 이에 상응하는 사회보험서비스의 확대 및 여성농업인의 가입 · 혜택이 가능한 보험상품 개발이 시급하다.

농림부는 2007년부터 보험상품 개발 및 규정보완을 계획하고 있으며, 농촌지역 만성질환(농부증, 퇴행성관절염, 노인성 신경통 등)을 다루는 농어촌형 의료 전문화(농업인 전문병원)를 위한 논의에 들어갔다. 무엇보다 질병의 예방 · 관리가 중요하다는 판단에 따라 전국 178개(농어촌 144개, 도농복합지역 34개) 보건소에 한방공공보건의료서비스를 제공한다. 또 농업인들의 피로회복을 목적으로 하는 '마을건강관리실'도 지원할 방침이다. '마을건강관리실'은 피로회복 및 체력단련기구, 찜질방, 건강측정기 등을 갖춘 공공시설이다. 문의 농림부 농촌사회과 (02-500-2082)

</td></tr>
</table>